全国职业培训推荐教材
人力资源和社会保障部教材办公室评审通过
适合于职业技能短期培训使用

美发基本技能

(第二版)

中国劳动社会保障出版社

图书在版编目(CIP)数据

美发基本技能/陈阿洪主编. —2版. —北京：中国劳动社会保障出版社，2008

职业技能短期培训教材
ISBN 978-7-5045-6856-4

Ⅰ. 美… Ⅱ. 陈… Ⅲ. 理发-基本知识 Ⅳ. TS974.2

中国版本图书馆 CIP 数据核字（2008）第 129854 号

中国劳动社会保障出版社出版发行
（北京市惠新东街1号 邮政编码：100029）
出 版 人：张梦欣
*
北京鑫海金澳胶印有限公司印刷装订　新华书店经销
850毫米×1168毫米 32开本 3印张 73千字
2008年8月第2版　2024年10月第24次印刷
定价：7.00元

营销中心电话：400-606-6496
出版社网址：http://www.class.com.cn

版权专有　　　侵权必究

如有印装差错，请与本社联系调换：（010）81211666
我社将与版权执法机关配合，大力打击盗印、销售和使用盗版图书活动，敬请广大读者协助举报，经查实将给予举报者奖励。
举报电话：（010）64954652

前言

职业技能培训是提高劳动者知识与技能水平、增强劳动者就业能力的有效措施。职业技能短期培训能够在短期内,使受培训者掌握一门技能,达到上岗要求,顺利实现就业。

为了适应开展职业技能短期培训的需要,促进短期培训向规范化发展,提高培训质量,中国劳动社会保障出版社组织编写了职业技能短期培训系列教材,涉及二产和三产百余种职业(工种)。在组织编写教材的过程中,以相应职业(工种)的国家职业标准和岗位要求为依据,并力求使教材具有以下特点:

短。教材适合15～30天的短期培训,在较短的时间内,让受培训者掌握一种技能,从而实现就业。

薄。教材厚度薄,字数一般在10万字左右。教材中只讲述必要的知识和技能,不详细介绍有关的理论,避免多而全,强调有用和实用,从而将最有效的技能传授给受培训者。

易。内容通俗,图文并茂,容易学习和掌握。教材以技能操作和技能培养为主线,用图文相结合的方式,通过实例,一步步地介绍各项操作技能,便于学习、理解和对照操作。

这套教材适合于各级各类职业学校、职业培训机构在开展职业技能短期培训时使用。欢迎职业学校、培训机构和读者对教材中存在的不足之处提出宝贵意见和建议。

人力资源和社会保障部教材办公室

简介

本书主要内容包括：干洗、剪发、烫发、染发、吹发、盘发等。通过本书的学习，培训学员能够从事美发师岗位的基本工作。

本书吸取《美发基本技能》第一版教材突出技能操作的优点，在此基础上，按照行动导向的职业培训理念，围绕美发师的工作内容来构建教材结构，形成干洗、剪发、烫发、染发、吹发、盘发六大任务化的单元内容。每个单元都先介绍相关工具、用品及其使用，再介绍相应的操作技能，同时，根据工作任务需要补充相应的理论知识，使学员形成对具体美发工作的完整认识，改变了传统教材倾向理论化、学科化，与岗位实际脱节的弊端，拉近了培训与实际岗位的距离，能较好地实现学员操作能力和应用水平的提高。此外，本书还配合大量的操作图片，使操作形象直观，便于学员理解。

本书由陈阿洪主编，张耀鹏、张庭龙参编；张淑瑞主审。

目录

第一单元　干洗 …………………………………………（ 2 ）

　模块一　认识常用洗发用具 ……………………………（ 2 ）
　模块二　短发、长发干洗 ………………………………（ 5 ）
　模块三　干洗的冲洗 ……………………………………（ 10 ）

第二单元　剪发 …………………………………………（ 13 ）

　模块一　认识专业剪发工具 ……………………………（ 13 ）
　模块二　五种基本层次发型 ……………………………（ 29 ）
　模块三　男式发型鬓角及底座的修剪 …………………（ 30 ）

第三单元　烫发 …………………………………………（ 38 ）

　模块一　烫前检查 ………………………………………（ 38 ）
　模块二　卷杠的要求及卷法 ……………………………（ 41 ）
　模块三　杠子的基本排列方式 …………………………（ 47 ）

第四单元　染发 …………………………………………（ 55 ）

　模块一　认识染发常用器具 ……………………………（ 55 ）
　模块二　染发基本方法 …………………………………（ 58 ）

第五单元　吹发 …………………………………………（ 62 ）

　模块一　吹发前的准备及吹发的基本要求 ……………（ 62 ）
　模块二　吹发的标准及要领 ……………………………（ 65 ）
　模块三　常见的吹发难点和解决办法 …………………（ 73 ）

第六单元　盘发……………………………………………（76）

模块一　盘发工具及基本盘发手法……………………（76）
模块二　脸型分析及后部造型…………………………（80）
模块三　头部分区及设计要求…………………………（86）

在现代社会中,美发已成为人们日常生活中不可或缺的重要内容。它已由最初基于卫生健康的要求,上升为人们张扬个性、美化生活、展示时尚的重要手段。

本书围绕干洗、剪发、烫发、染发、吹发、盘发等美发基本环节,帮助那些准备从事美容的初学者掌握美容基本技能,引导他们进入创造美的行业——美发业。

第一单元　干　　洗

在现代专业美发发廊里，干洗成为普遍采用的洗发形式。这是因为干洗具有更好的清洁保健、去屑止痒效果，而且通过干洗过程中各种手法的头部按摩能有效地帮助解除疲劳、消除焦虑、促进血液循环和新陈代谢，达到提神健脑的效果。同时，干洗也便于头发的进一步修剪造型。

在本单元，我们将重点介绍常用洗发用具和干洗的基本操作，使学员能够正确选用洗发用品，掌握干洗服务的基本技能。

模块一　认识常用洗发用具

一、洗发液

灰尘、油垢黏附在头发上，单独用水无法冲洗干净，需要用洗发液。通过按摩搓洗头部，洗发液能去除灰尘与油垢，再用温水冲洗即可将油垢和灰尘等冲走。

洗发液是由碱脂肪酸起泡剂、油脂组成的。油脂可以用油菜子、橄榄、椰子、花生等植物油，或采用动物油、羊毛脂、牛油及合成油等。各种洗发液所含的脂肪酸不同，因此成品也不同。

洗发液 pH 值的高低对洗发效果有直接关系。以微酸洗发液，即 pH 值在 6.5 时为宜，不会伤害发质。而碱性强的洗发液,会过度溶解皮脂,使头发缺少油脂、失去光泽而造成分叉受损等现象。

洗发液依机能分为除臭、去头屑、营养、染发等用途。头皮屑是一种常见的头发护理问题,它是由头皮角质细胞异常增多及皮脂分泌亢进引起的,因此去头屑是洗发液的一项重要功能,专门的去屑洗发液也由此产生,它具有抑制细菌繁殖、除掉皮脂分泌物的功效,预防头皮屑产生,或有去除头屑作用。护发素是进行头发护理的重要洗发产品,一般专业美发使用专门的护发素产品,而不用洗发、护发二合一的洗发产品。另外,还有专门的各类护发产品,如发模等,如图1—1所示。

图1—1 洗发液

洗发液依使用对象分为一般性(中性)发质使用、油性发质使用、干性发质使用、染后及受损发质使用及婴儿发质使用等。

中性发质选用洗发液用于正常发质,干性发质选用洗发液用于发质干燥分叉、皮脂分泌失调(pH值碱度弱,去污力低),油性发质选用洗发液用于头发油腻、皮脂过多(pH碱度高,去污力强)。

洗发液一般还可分为干式、湿式两种。干式洗发液是不含水、粉末状或水状溶液的各种清洗剂。湿式洗发液包括肥皂洗发液、无肥皂洗发液、乳状式膏状洗发液三种。

肥皂洗发液：通常含有透明的绿、白、黄等颜色，一般分干性、中性、油性使用。

无肥皂洗发液：具有很强的洁净效果。它的主要成分是酸碱油，不管有无泡沫，洗涤效果都非常好。但用得太多会使头皮、头发干燥。

乳状式膏状洗发液：含有肥皂或合成清洗剂，也可能含有发质调节剂，若不含肥皂呈酸性。

提示：洗发中的软水与硬水

软水：经过化学处理过的软化自来水，只含有少量的矿物质。使用软水可使泡沫丰富，一般用它来洗发。

硬水：硬水中含有很多矿物质，没有软化处理，洗发时泡沫不多，如山泉水、河水等，但经过化学处理后也可使用。

另外，还有一些新型的、特殊功效的洗发液，如彩色洗发液是临时在头发上加上一些色彩，使用两次以内可通过洗发完全洗掉。

香薰洗发

香薰疗法是使用有香气的植物提取香油进行治疗，从而达到促进人体健康的理疗目的。香薰理疗能够清除头痛及失眠，增加活力，平衡身体机能，还能使头发保持清洁，回复生机，光滑柔顺。

使用方法：

向洗发液中加入1～2滴香薰精油混合使用。洗发15～20分钟，洗发时与香薰机一同操作，配合蒸汽按摩穴位。冲掉后将护发素滴到头发上，焗油加热25分钟，冲掉即可。将头发吹干，然后涂上营养修护液，均匀吹干头发。

二、洗发常用器具（见图1—2）

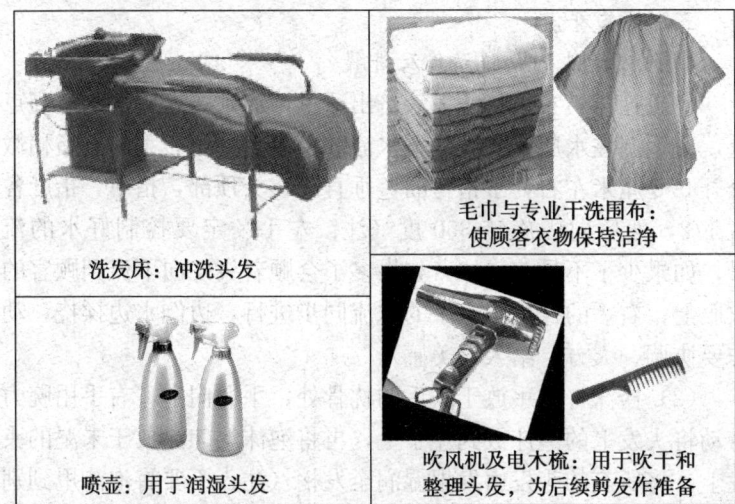

图1—2 各类洗发器具

模块二 短发、长发干洗

一、干洗的注意事项

1. 洗发人员的指甲不能过长。
2. 洗发时双手力度一定要遵循顾客的要求。
3. 注意洗发的时间及水温。
4. 反复开沫三次：一重、二轻、三揉。

（1）一重：顾客的头皮可能会感到痒和不舒服，所以第一遍开沫，指腹的力度要稍重一点，让顾客感到止痒、舒服。

（2）二轻：由于上一遍已经能起到止痒作用，所以，这遍的手法及力度比上一遍要轻一些。

（3）三揉：在前两次去屑止痒的基础上，开始进行头部干洗过程中的按摩动作,使顾客由解痒转换为享受。

二、短发干洗

1. 短发干洗的分解动作及讲解

(1) 打沫:右手将洗发液挤出适量,放到顾客头部的最高点上,左手握住水瓶,先试一下水流的大小,这时右手的五指稍微分开0.5厘米左右,手指弯曲,垂直放在头顶部,指甲、指肚各占1/2,然后向内旋转360度(注:左手一定要控制好水的流量,如果少了不易起泡沫,如果多了会顺着头发向下流到顾客的衣服上;右手的揉挠与左手的水流同步进行,边倒水边揉挠,动作要协调、大方、给人以美感)。

(2) 捞沫:左手放于头后的枕骨处,手心向上,右手用腕力带动将头发上的泡沫放到左手上,再将泡沫均匀涂放于未湿的头发上,将所有的头发由发根湿润至发梢(注:不要将泡沫甩到别处)。

(3) 交替挠:一手在前,一手在后,前后交替移动,回去的手自然轻柔地落放在头皮上向后滑动(掌根贴于头皮),离开头皮1~2厘米,在原路的正上方滑过,落放于前发际线边沿上,双手交替重复一个动作,左右移动,双手最多不能分开3厘米以上(注:双手弯曲垂直放在头皮上,指甲、指肚各占1/2)。交替挠是干洗动作当中最难的一步,也是最主要的一步。干洗洗得好坏主要取决于这个步骤。

(4) 顿步:两手同时放在前发际线边沿上,向后下方前后伸缩滑挠(向下挠5~6厘米,回滑2~3厘米),一直做到后发际线。两手可以分开,也可以紧贴在一起,力度由自己控制(注:前后伸缩幅度不要过大,也不要过小)。

(5) 交替顿错:综合了前两个动作,用前后交替的手法加上顿步的挠法,两手可以分开,也可以靠在一起(注:动作要协调流畅)。

(6) 滑挠:主要是用来整理,将前几项动作弄乱的头发整理通顺，双手按照头部的侧面弧线顺次而下，同时两手从原路返回。双手可分开，也可以靠近（注：双手动作一定要快，不要将泡沫溅到顾客身上）。

（7）交替挠加敲：双手在交替挠的基础上，有节奏地加上单手敲击头部的一种按摩手法。这一动作要有规律地进行，交替挠三次敲五次，从前发际线敲至后发际线（注：两个动作连接得自然协调，力度均匀适中）。

（8）交错滑挠：一手在上，一手在下，做双手的左右顿错，手指垂直于头皮，指甲、指肚各占1/2，从前发际线滑挠至后发际线，给人以"麻"的感觉（注：不要过分用力，以免伤到头皮）。

（9）后部的交替拉挠：是在顿步的基础上做的拉挠。双脚向后侧半步，当双手到达后部枕骨时，身体的下半身垂直于地面，上半身向前倾斜45度，双手分开90度开始横向拉挠，速度越快，顾客会越舒服，将时间控制在2~3分钟左右（注：两个动作之间的衔接一定要连贯）。

（10）发际线边沿挠：用双手的十指在发际线上快速挠，能起到止痒的使用（注：手的挠动速度一定要快，而且要连贯）。

（11）由鬓角向上提挠：双手交叉放于头部的两个鬓角处，停留10~15秒（双手挠动），在向上做提挠，双手交替3~5次就可以了（注：双手用力要均匀，不要过分用指甲进行动作）。

（12）后部的向上提挠：后部在长时间的交错拉挠之后变为向上提挠，手心向上，这样做不但能使顾客舒服，而且在较大的运动量之后还可以放松一下自己的身体（注：动作简洁明了）。

（13）左手按住头顶，右手做揉挠：左手按在顾客的头顶，右手在后部做"搓""揉""抓""挠"等动作（注：力度均匀适中）。

（14）揉挠（短发）：双手从耳朵正上方向上滑动，边揉、边抓、边挠（前后左右移动），十指充分活动起来，幅度要大，特别是大拇指（注：手指一定要垂直于头皮，这样才能达到预想的效果，手指动作一定要活）。

（15）边揉边弹指：双手从耳朵正上方向上滑动，边揉挠、边弹指，要有节奏、有顺序地进行，不要乱揉乱挠。动作力度要掌握好，不要过重，弹指的同时，双手不能离开头皮（注：弹指时用手指拉住头发，这样手就不会离开头皮）。

（16）中指和食指弹指：将双手的食指放在中指上用力压，弹出敲击在头皮上（注：双手力度要均匀）。

（17）交叉振力：双手从耳朵正上方向上滑动，将头发夹于双手的手指中间，手掌向下压，手指向上提，反复振力5～8次（注：不要夹住单根头发）。

（18）十指振力：用双手十指的第一节指肚用力按住头皮，振力（注：用力不要过重，不要用指甲）。

（19）指根敲击：十指上下滑动，始终不离开头皮，同时用指根在头皮上反复做敲击动作（注：动作要轻）。

（20）耳前后的推滑：用双手的拇指，在耳前后"听宫""听会""风池""翳风"等点上做推滑按揉等动作，使顾客耳部的穴位得到放松（注：力度不要过重，不要过分地使用指甲，指甲不能过尖，以免伤害头部的软组织）。

（21）45度弹指：双手成45度角向前弹出，再向回拉。手要画出一个弧度落在头皮上，落在头皮上时一定要轻（注：动作要连贯、顺畅）。

（22）重叠弹指：一手在上、一手在下重叠，双手同时用力做弹指，弹指时，十个手指不能离开头皮（注：动作要协调、连贯）。

（23）五指梳理：将双手的五指张开到最大限度，用力压在头皮上，由前发际线开始向后梳理。反复动作5～6次，使头皮毛囊扩张，促进生长（注：力度要重一些）。

（24）推滑头发做整理：双手五指张开以头顶为中心由四周

发际线边沿将泡沫向中间推滑做整理，3次左右即可（注：不要将泡沫溅在顾客的身体上，而且两手之间的配合一定要自然）。

（25）清理泡沫：双手五指张开（微张），虎口用力压在头皮上从后发际线开始推滑到前发际，再向回滑到中心点上，这时双手向上提将泡沫捞干净（注：双手一定要到位，一次性捞掉所有的泡沫）。

三、长发干洗

由于长发受头发长度的影响，有些短发干洗的动作不能使用。洗长发时动作一定要精练、简洁明了。基本程序如下：

1. 打沫
2. 捞沫
3. 交替挠
4. 顿步
5. 交替顿错
6. 滑挠
7. 交替挠加敲
8. 发际线边沿挠
9. 后部的向上提挠
10. 边揉挠边弹指
11. 用中指和食指做弹指
12. 交叉振力
13. 十指振力
14. 指根敲击
15. 指尖敲击
16. 耳前后的推滑
17. 重叠弹指
18. 交错推滑
19. 45度弹指
20. 推滑头发做整理

21. 清理泡沫

注意：

(1) 单手揉挠时，左手将头发盘起放在头顶，按住右手在后部伸入头发中做"揉""搓""抓""挠"等动作（注：力度均匀适中，不要过分用指甲）。

(2) 揉挠长发时，双手从后部向上做揉挠，将头发整理堆积在头顶，做全方面的揉挠（注：不要用指甲，要用十指的第一节指肚）。一般干洗时，泡沫在头发上的停留时间为15~20分钟，否则洗发液当中的化学成分会伤害发质、刺激皮肤，破坏头部软组织。

以上多种长发、短发干洗手法在干洗的过程中不一定要一一用上，可以从中选用适合动作，组合在一起。

每一个动作之间的连接一定要自然流畅，让顾客感觉洗发动作一直都在进行着，没有长时间停顿；力度一定要均匀，控制好力度的三要素，这样才算得上是一个成功的干洗。

干洗的质量标准："洗透""揉到""冲净""舒适""享受""无垢"，达到顾客满意的效果。

四、干洗时美发师的站位

1. 抓洗前面与顶部时，必须站在顾客正后方操作。
2. 抓洗左前部、左后侧时，必须站在顾客右侧方操作。
3. 抓洗右前侧、左后侧时，必须站在顾客左侧方操作。
4. 抓洗正后部时，可站在顾客的侧面或正后方。

模块三　干洗的冲洗

一、干洗的冲洗注意事项

1. 让顾客躺在舒适的洗头床上，将头发放置于洗发盆内，选好合适的位置（毛巾一定要围好、围紧）。

2. 用一只手握住喷水器，对着洗发盆试水流与温度，直到水流与温度合适为止，再开始进行冲水操作。

3. 冲水时，首先将大量的泡沫先冲掉，同时要用另一只手挡住顾客的脸部及颈部，不能将水溅到顾客的脸上、耳朵内（特殊要求者例外），不能冲湿顾客衣领。

4. 一手冲水，一手搓洗，使头皮与头发彻底冲净。

5. 头发洗净后，用吸收水分强的毛巾将头发按照正确的方法包住，防止水滴流下。

6. 用毛巾将头发搓干，换下围布毛巾，用梳子将头发梳通梳顺。

7. 带顾客到按摩椅按摩，或进行下一项服务。

二、正常躺式洗发

标准洗发形式步骤：

1. 洗发前，用温水冲掉发屑和污垢，起打湿作用。
2. 取适量洗发液，打起泡，将头发与头皮简单冲洗。
3. 再取适量洗发液，打起泡，用指腹按摩头皮并清洗。
4. 用温水完全洗净残余泡沫及污垢。
5. 用干毛巾擦拭，梳通梳顺。

三、标准洗发形式顺序

1. 在前面发际处，由中分线往两侧搓洗，先搓洗一侧，再搓洗另一侧，作左右搓洗的动作，如图1—3a所示。

2. 由前面发际往后作左右搓洗的动作，如图1—3b所示。

3. 由两侧下方的发际作左右搓洗的动作，并向中分线处移动，再由中分线处往两侧移动，如图1—3c所示。

4. 由两侧发际往头顶处作左右搓洗的动作，如图1—3d所示。

5. 由两侧发际往中分线处作左右搓洗的操作，如图1—3e所示。

6. 由两侧发际处向中分线处作上下来回搓洗的动作，如图

1—3f 所示。

7. 由顶部往后面头部再往两耳发际处作左右搓洗的动作，如图 1—3g 所示。

8. 再次在头部至两耳后发际处作左右搓洗的动作，如图 1—3h 所示。

9. 让顾客的颈部轻松一下，在颈部作旋转移动方式搓洗，如图 1—3i 所示。

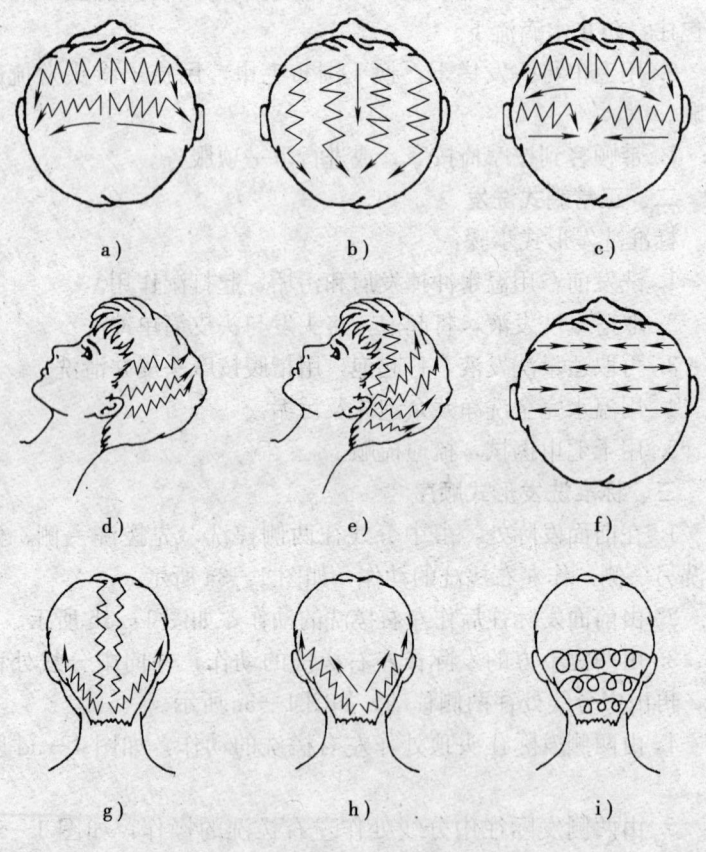

图 1—3 洗发手法

第二单元 剪 发

剪发技巧是发型师的重要基本功。在本单元,我们将重点介绍专业剪发工具及其使用,使学员能够正确使用剪发工具,并掌握五种基本层次型和发型的剪发基本技能。

模块一 认识专业剪发工具

剪发工具是发型师日常工作中不可缺少的使用工具,每位顾客的发型都是由发型师运用各种工具及操作使用上的技巧修剪出来的,所以对剪发专业工具的认识是学习剪发技巧的基础。

专业剪发常用工具包括:剪刀(平剪刀)、牙剪(牙齿剪刀)、电推剪、削刀、平板梳、驼背梳等。

一、剪刀及其使用方法

1. 剪刀(平剪刀)

(1) 剪刀的作用:常用于修剪层次,也可用于打薄。剪刀的结构如图 2—1 所示。

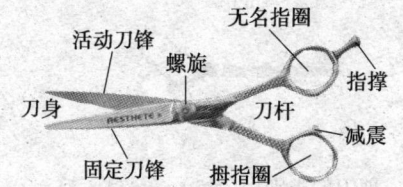

图 2—1 剪刀的结构

(2) 剪刀的分类：根据刀锋的长度分为标准型、轻巧型、重量型，如图2—2所示。

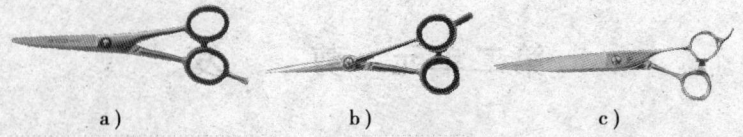

图2—2　剪刀的类别
a) 标准型：刀锋、刀杆等长　b) 轻巧型：刀锋短、刀杆长
c) 重量型：刀锋长、刀杆短

根据剪刀长度分为4寸、4.5寸、5寸、5.5寸、6寸、6.5寸、7寸，如图2—3所示。

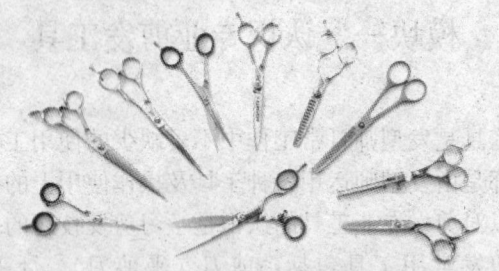

图2—3　剪刀的长度分类

根据刀杆形状分为普通剪、手型剪、技巧剪（飞剪、空气剪），如图2—4所示。

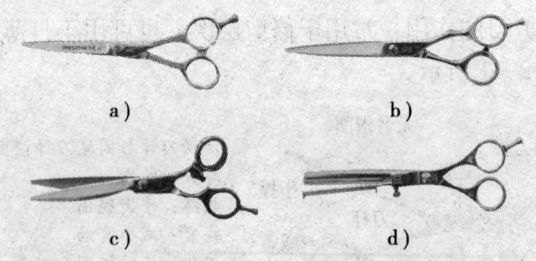

图2—4　剪刀的类别
a) 普通剪　b) 手型剪　c) 飞剪　d) 空气剪

2. 剪刀的拿法
(1) 正握剪法

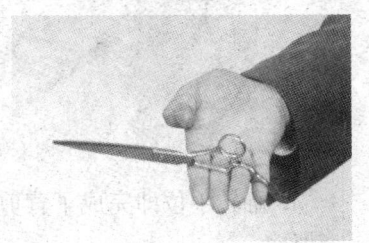

1. 手指平托剪刀，刀杆放于食指第二关节处，小指放于指撑上

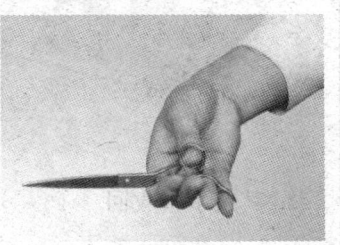

2. 拇指入拇指圈，注意不要过长，进入即可

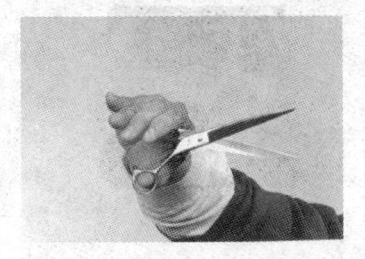

3. 翻转手位

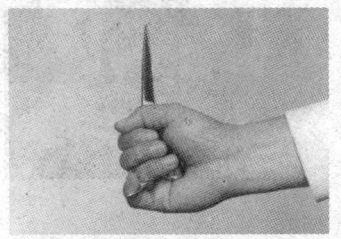

4. 拇指退出握住，完成一个握剪的动作

(2) 反背剪法

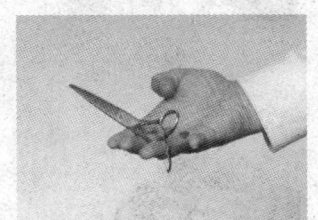

1. 托住剪刀，小指叉开

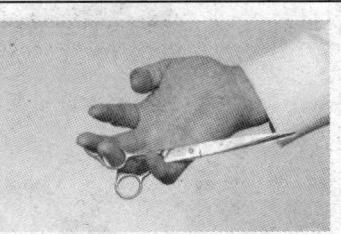

2. 食指弹剪刀，向下进入小指缝内

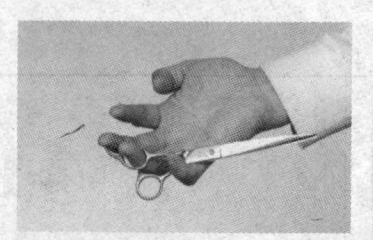
3. 其余手指收回

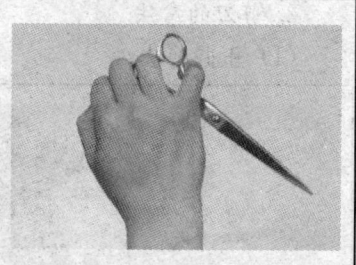
4. 翻转手位即完成了背剪动作

3. 剪刀使用方法（见图2—5）

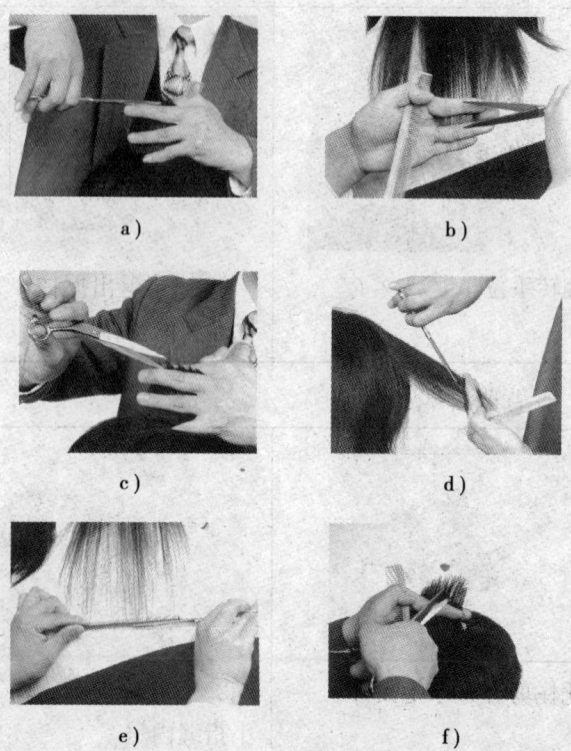

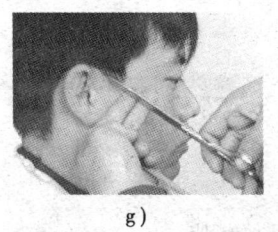 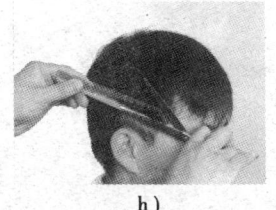

图 2—5 剪刀的使用方法

a）外夹剪 b）内夹剪 c）刻痕修剪 d）滑剪 e）压剪（梳压、手压）
f）挑剪 g）托剪 h）梳子与剪刀配合挑剪

4. 剪刀的使用要求与保养

发型师在使用剪刀时应大开大合，多使用剪刀的根部，这样会延长剪刀的使用寿命，因为剪尖锋利易损，且使用概率较高。剪发用剪刀不要剪其他任何物品，并要经常上油，如图 2—6 所示。剪发后将碎发扫掉，不要剪干发。

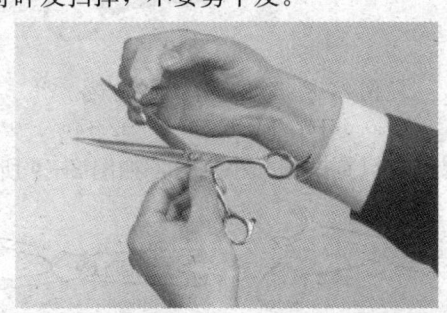

图 2—6 剪刀的保养

二、牙剪（牙齿剪刀）及其使用方法

1. 牙剪的作用

牙剪用于打薄、柔和发尾、活跃纹理、转换层次及局部调整。常见的有手型牙剪和空气剪，如图 2—7 所示。

2. 牙剪的分类

根据牙剪的型号，即按齿与齿之间的距离可分为 8 号剪、10 号剪、32 号剪等，如图 2—8 所示。

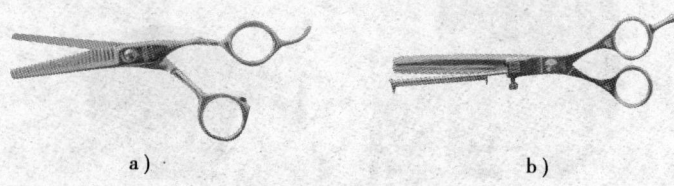

图2—7 牙剪类别
a) 手型牙剪 b) 空气剪

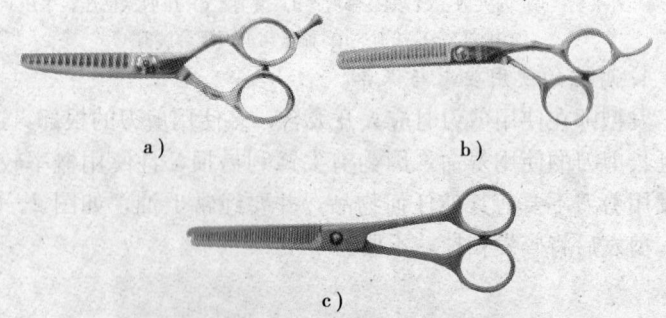

图2—8 牙剪型号（按齿距分）
a) 8号剪 b) 10号剪 c) 32号剪

还可以根据齿口宽度的大小划分，如图2—9所示。

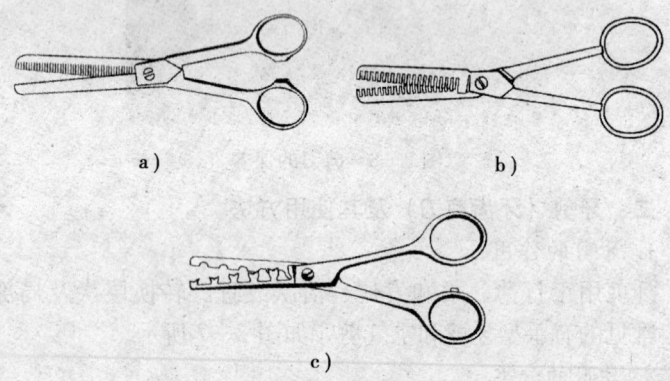

图2—9 牙剪型号（按齿口宽度分）
a) 去发量小 b) 去发量适中 c) 去发量大

3. 牙剪的持法（见图2—10）

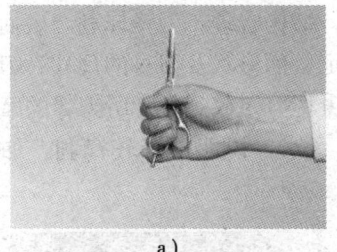
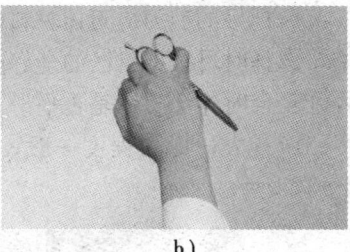

图2—10 牙剪的持法
a）握剪 b）背剪

4. 牙剪的使用技巧

发尾：制造纹理；
发干：减轻发量；
发根：竖立蓬松。
牙剪的使用技巧如图2—11所示。

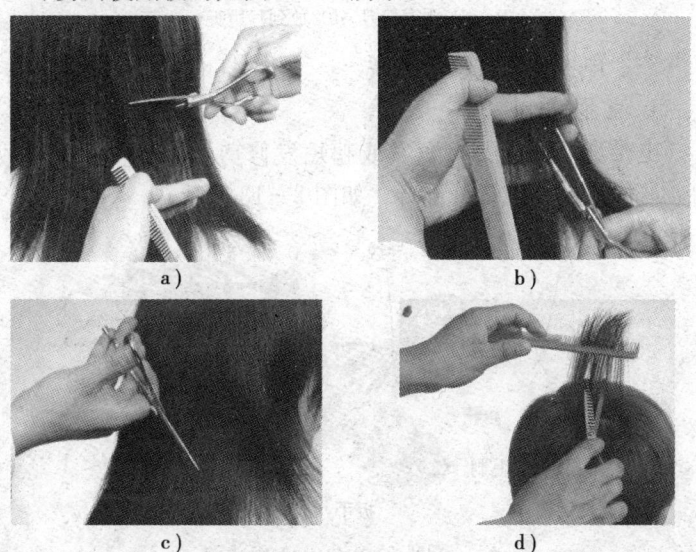

图2—11 牙剪的使用技巧
a）横向打薄 b）纵向打薄 c）滑剪打薄 d）逆向打薄

5. 剪刀的选择

一把好的剪刀应刀体材料好，结构合理，刀锋犀利，表面光洁，选择时可根据自己的爱好决定剪柄形状及刀身的尺寸；刀锋轻开轻合时体会刀锋是否平滑，再将剪刀放到耳旁听刀锋的摩擦声：声音大，锋利程度一般；声音小，说明刀锋较锋利，如图2—12 所示。

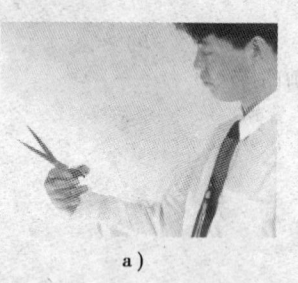 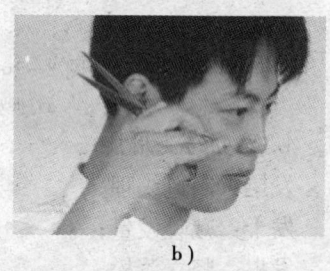

图 2—12 剪刀的选择
a) 观察剪刀 b) 放到耳边听

三、电推剪及其使用方法

1. 电推剪

电推剪多用于男女短发或超短发修剪，修剪整个发型或鬓角、底座及发际线边缘部分，如图2—13 所示。

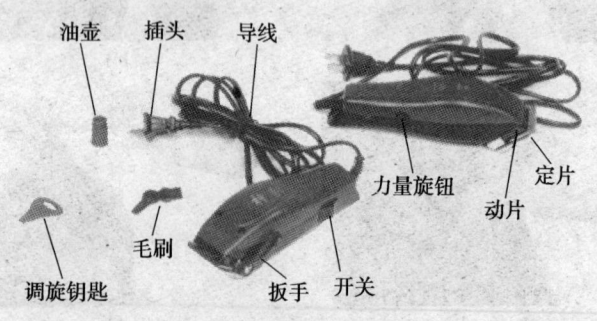

图 2—13 电推剪

2. 电推剪的持法（见图2—14）

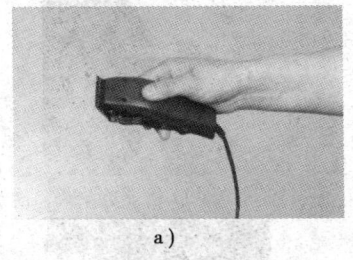
a)

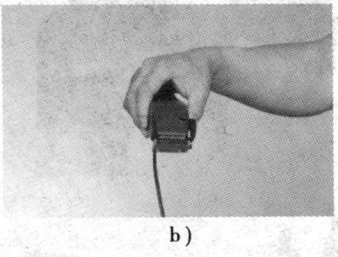
b)

图2—14 电推剪的持法
a) 拇指与其余四指上下持法 b) 拇指与其余四指左右持法

3. 电推剪的力量调整（见图2—15）
当向前拧至有噪声时往回返半圈或一圈，此时力量为最佳状态。

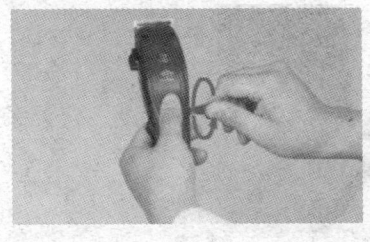
a)

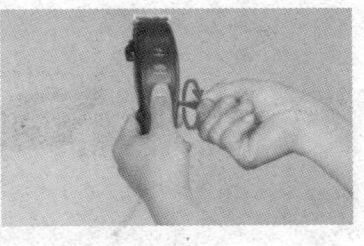
b)

图2—15 电推剪的力量调整
a) 力量大 b) 力量小

4. 电推剪的使用方法（见图2—16）

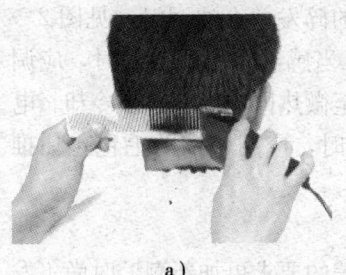
a)

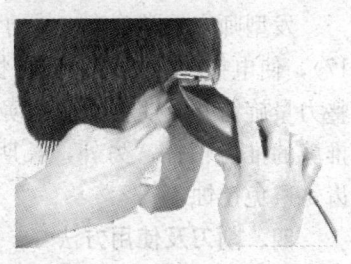
b)

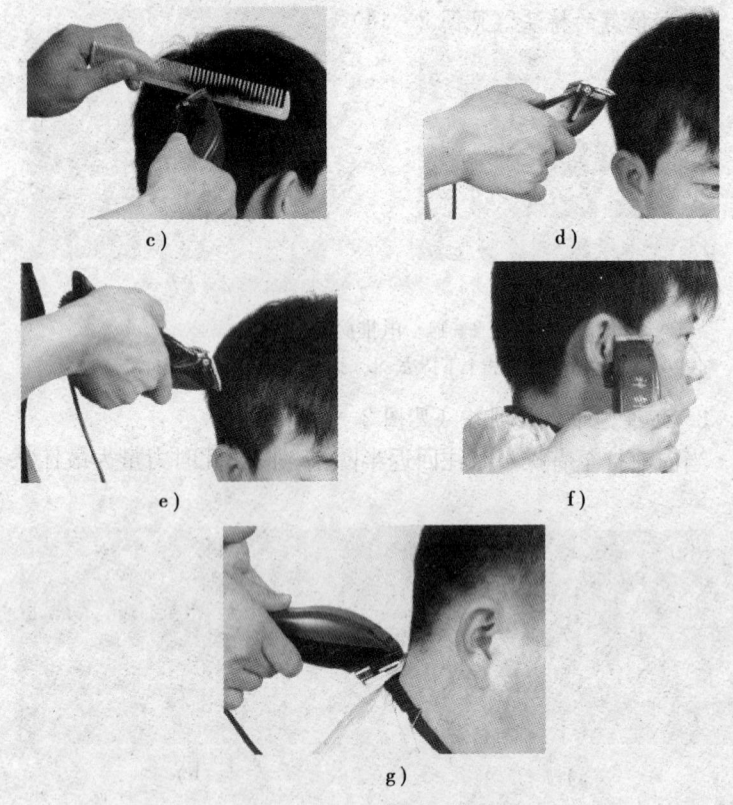

图 2—16 电推剪的使用方法

a）满推 b）半推 c）雕推 d）扫推 e）切推 f）清茬推 g）挑推

5. 电推剪的保养

发型师应经常清理电推剪齿中的碎发并上油润滑（见图 2—17），使电推剪保持良好运行状态。当感到力量不稳定时，应调整力量旋钮并定期上油。连续使用至微热即应使其自然冷却。电推剪的推齿怕摔，另外，长期不用时，应用带油的毛毡包住推齿，避免锈蚀。

四、削刀及使用方法

随着人们生活水平的提高，对美的要求更加新潮、时尚，发

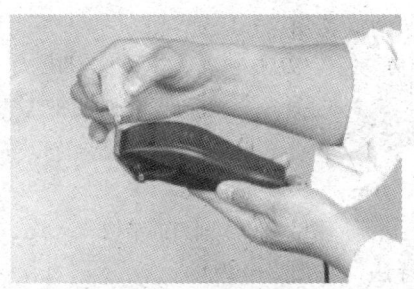

图 2—17 电推剪的保养

型趋向于自然飘逸、透气性好,易于打理。削刀的运用使发型师顺畅、自如地满足了顾客的需求,达到了设计目的。削刀方便、快捷,易于操作,博得了发型师的青睐,成为发型师不可缺少的美发工具。

1. 削刀的作用(见图 2—18)

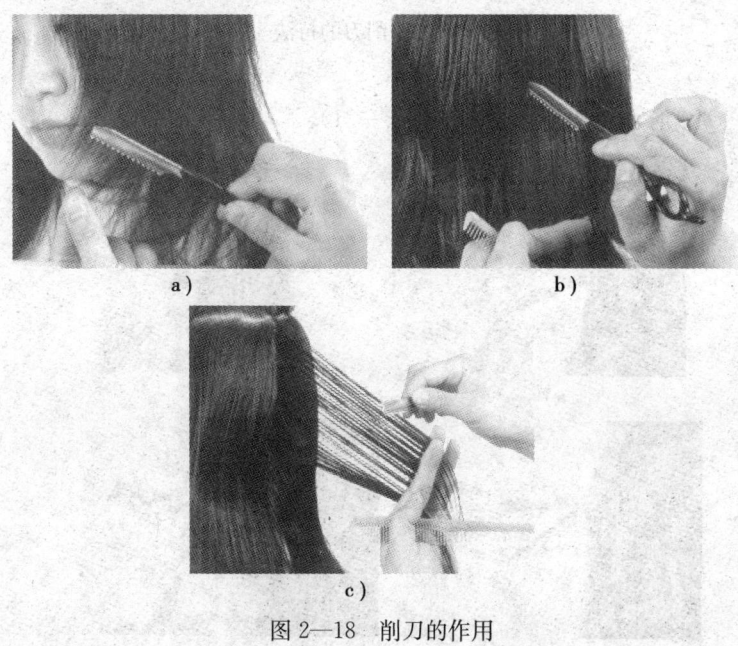

图 2—18 削刀的作用
a) 控制发型方向　b) 打薄　c) 修剪层次

2. 削刀的结构（见图2—19）

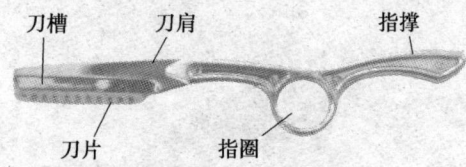

图2—19 削刀的结构

3. 削刀的持法（见图2—20）

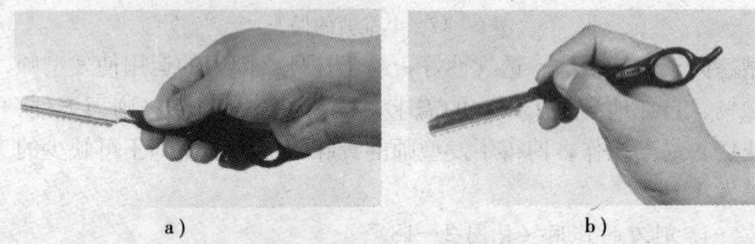

图2—20 削刀的持法
a) 平捏式 b) 笔式

4. 削刀的使用方法（见图2—21）

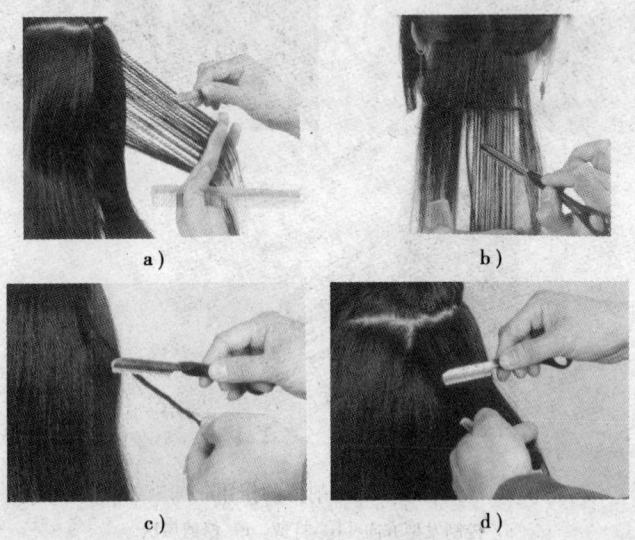

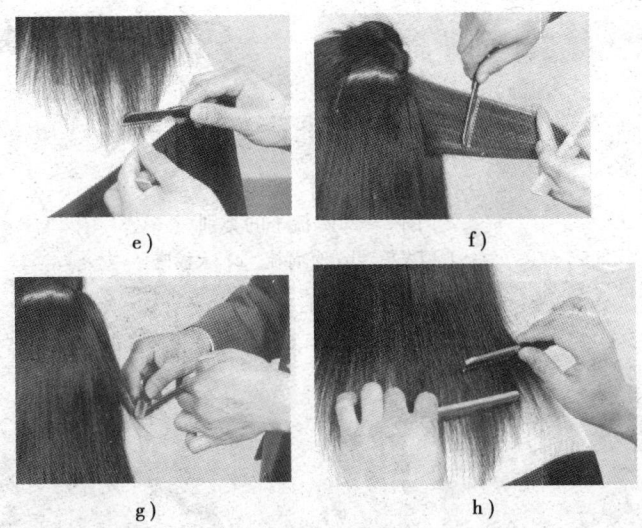

图 2—21　削刀的使用方法

a) 渐渐削常用于层次修剪　b) 尖点滑削常用于打薄　c) 拧削常用于打薄
d) 平削层次与打薄并用　e) 捏削常用于层次修剪　f) 侧削常用于层次与打薄并用
g) 旋转削常用于直发翻翘　h) 滚削常用于打薄

五、梳子及其使用方法

梳子是人们日常生活中不可缺少的理容物品，式样复杂。发型师使用的多为专业性的梳子，主要起到控制发片、吹风造型、梳理发丝流向等作用，下面重点介绍剪发时常用的梳子。

1. 梳子的种类

梳子可分为剪发梳、驼背梳、大板梳。剪发梳和驼背梳主要用于抓提发片，配合剪刀、电推剪使用。大板梳多用于梳理超短发型，如图 2—22 所示。

2. 梳齿密与疏的特点及作用

(1) 密齿：剪发后头发齐、平，反光能力强，称为冷色调，多用于青年和中年人，如图 2—23a 所示。

(2) 疏齿：剪发后发尾相对不平整，反光能力弱、厚重，称为暖色调，多用于中老年人，如图 2—23b 所示。

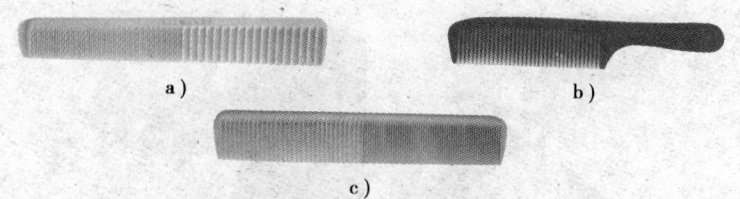

图 2—22 梳子的类别
a) 剪发梳　b) 驼背梳　c) 大板梳

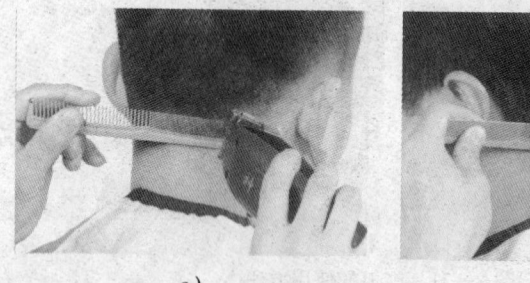

图 2—23 梳齿疏密的特点
a) 男士冷色调　b) 男士暖色调

3. 梳子的持法
(1) 左手拇指与其余四指上下对捏梳齿梳背

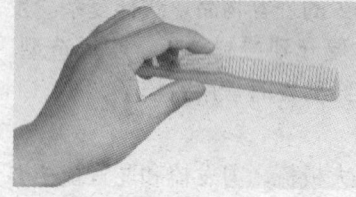
正面图示

背面图示

(2) 左手拇指与食指平捏住梳子，中指在下托住梳背

剪发梳持法正面图示

驼背梳持法正面图示

（3）剪刀与梳子同拿，右手拇指、食指对捏住梳子一端即可。

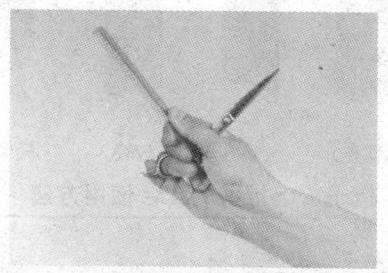

剪刀与梳子并拿图示

（4）单手夹梳，右手拇指虎口夹梳子

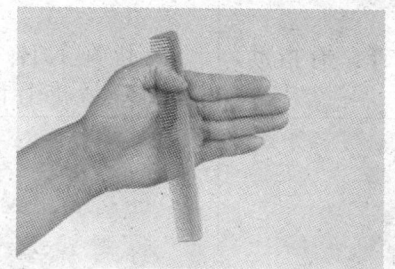

单手夹梳图示

六、剪发辅助工具（见图2—24）

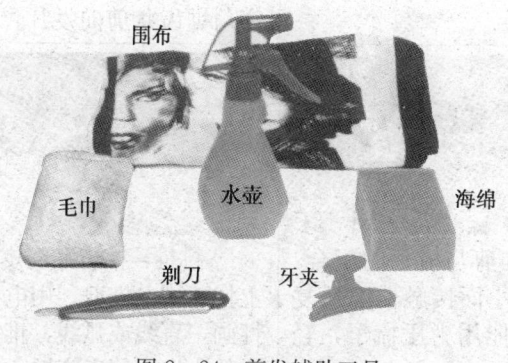

图2—24 剪发辅助工具

七、几种常用剪发工具对发尾的影响

常用剪刀：	电推剪	平剪	齿剪	剪刀滑剪	削刀
形状：					
对发尾的影响：	整齐	较整齐	较轻	轻柔	最轻柔、动感

八、剪刀、梳子、电推剪的配合使用方法

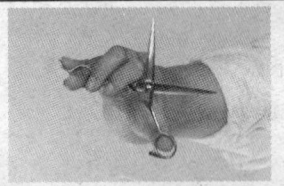

a) 固定刀锋：拇指动，四指不动

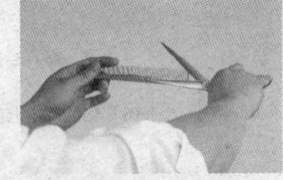

b) 挑剪：刀锋与梳背水平一起上移，不准上下浮动

c) 平剪：抓发片

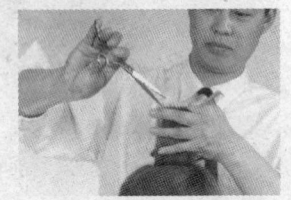

d) 刻痕剪：刀锋由上向下45度角锯齿状剪向发片

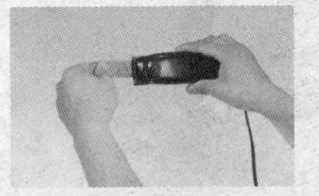

e) 电推剪与梳子的配合：电推剪的小面接触梳面反复平推。不能用力压梳子，轻轻依附即可

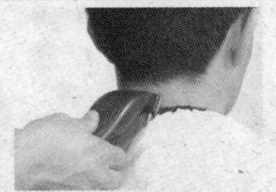

f) 挑推：推齿贴在皮肤上，向上快速挑电推剪。用电推剪的惯性画一直线或弧线，推齿扫掉多余的头发，使底座鬓角整齐清晰

模块二　五种基本层次发型

日常生活中，我们把发型分成五种基本层次，每一种层次都可单独构成一款发型，即零度层次型、边沿层次型、渐增层次型、均等层次型和超短层次型五种。

1. 零度层次型：日常代表发型如图2—25所示。

图 2—25　零度层次型
a）披肩发　b）荷叶头

2. 边沿层次型：日常代表发型如图2—26所示。

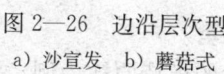

图 2—26　边沿层次型
a）沙宣发　b）蘑菇式

3. 渐增层次型：日常代表发型如图 2—27 所示。
4. 均等层次型：日常代表发型如图 2—28 所示。

图 2—27　渐增层次型

图 2—28　均等层次型

5. 超短层次型：日常代表发型如图 2—29 所示。

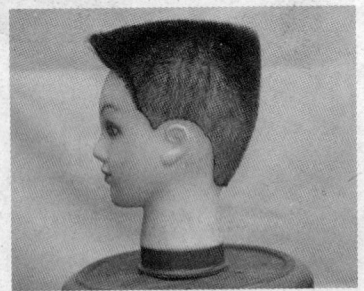

图 2—29　超短层次型

以上五种基本层次型，单独是一种发型，任何一种混合型都可以由这五种基本层次构成。发型师对五种基本层次及其特点透彻理解，会使剪发技术更加专业、设计水准更高。

模块三　男式发型鬓角及底座的修剪

一、鬓角底座的推剪

现以图 2—30 所示的模特原样为例，具体介绍鬓角底座的推

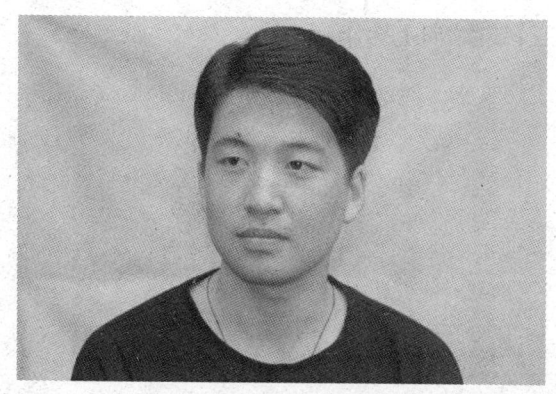

图 2—30 模特原样

剪步骤：

步骤一：从后部最下一份开始，由下向上操作

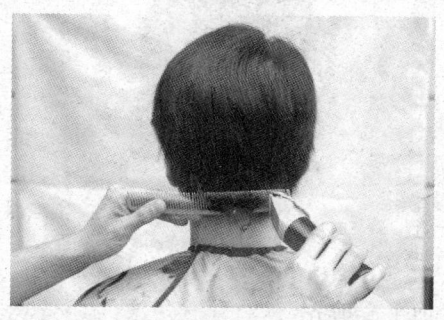

步骤二：梳子向外倾斜 20 度左右，开始修剪第二份

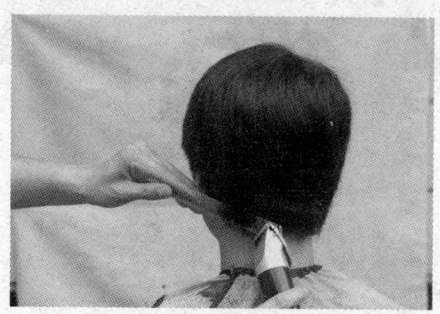

步骤三：继续向上操作

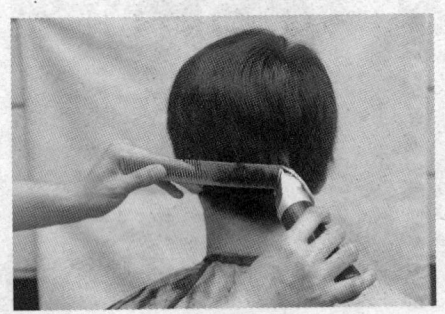

步骤四：继续操作

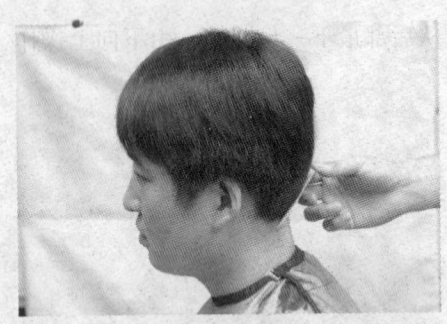

步骤五：剪平、剪齐

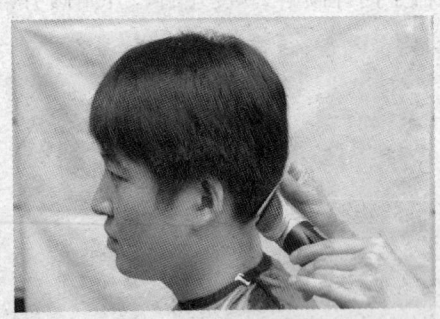

步骤六：向上操作

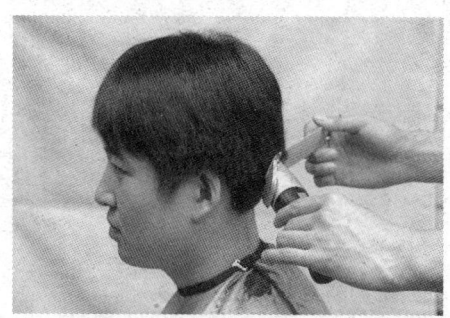

步骤七：剪向右侧

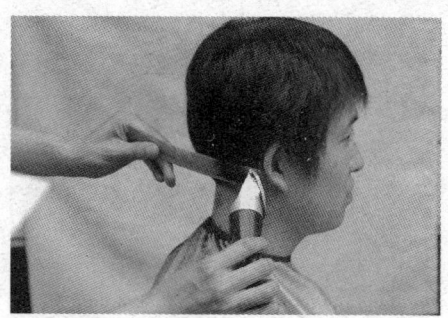

步骤八：向上操作

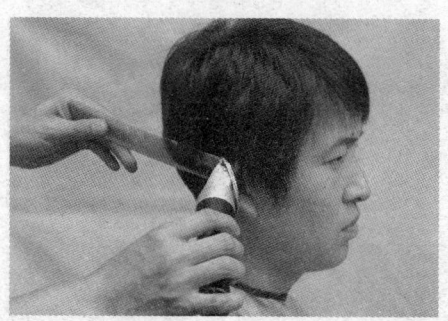

步骤九：进行衔接

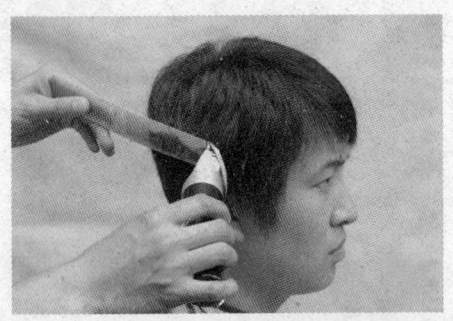

步骤十：继续向前操作

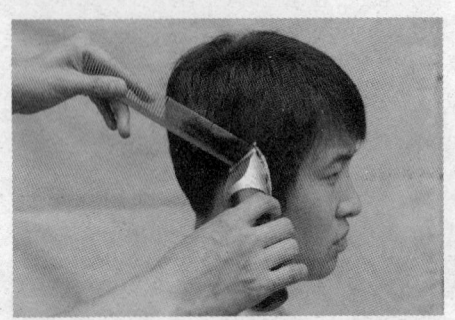

步骤十一：向上衔接

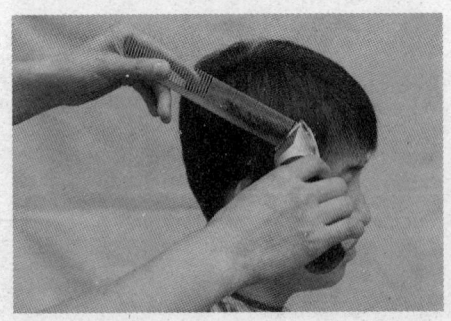

步骤十二：向前操作

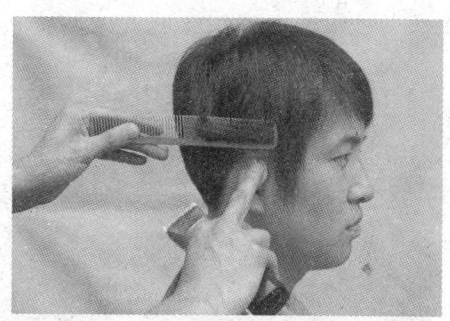

步骤十三：向前操作

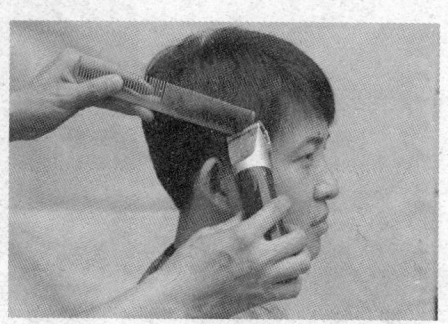

步骤十四：向上衔接，剪完右鬓角

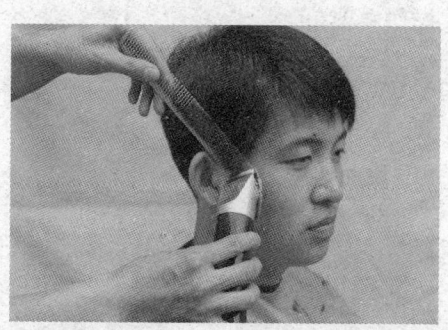

二、鬓角与底座的挑剪

步骤一：由左侧开始

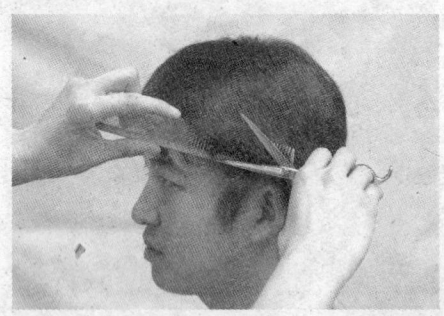

步骤二：继续操作

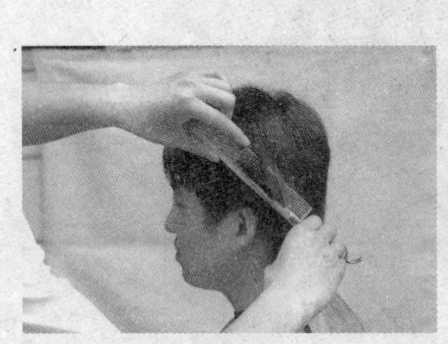
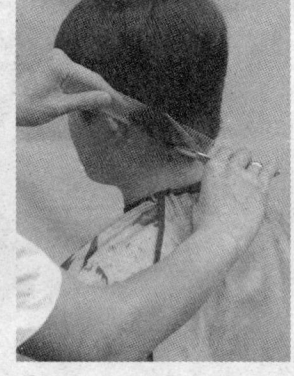

步骤三：操作右鬓角

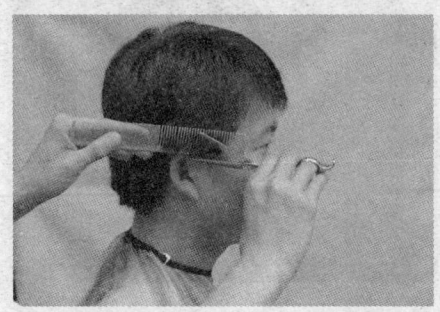

步骤四：剪向后侧

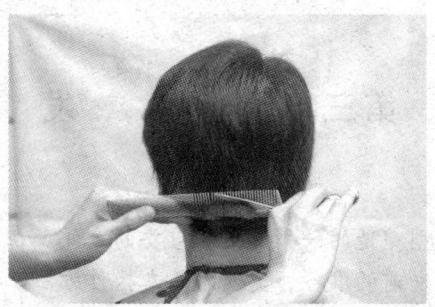

步骤五：剪向侧面

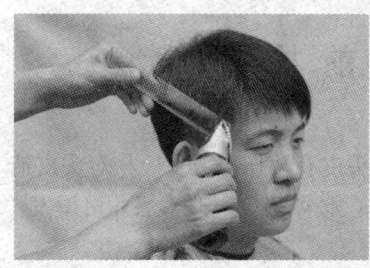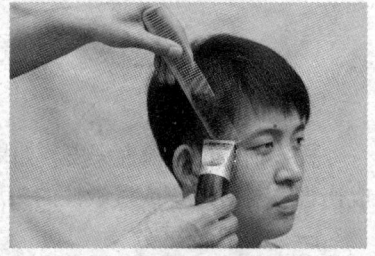

步骤六：用电推剪修剪轮廓线

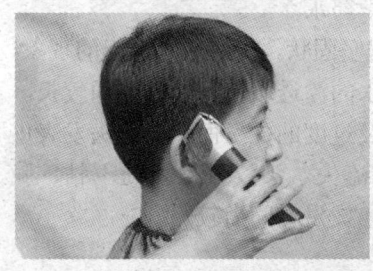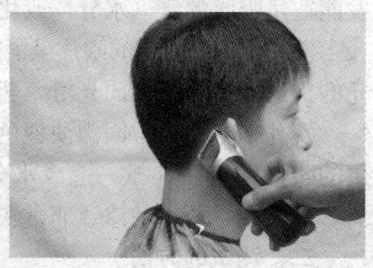

建议：挑剪时应确保剪刀与梳子的平衡一致，剪刀与梳子配合协调统一，梳子应小间距地梳起头发，这样不会形成脱节现象。

第三单元　烫　　发

烫发是发型塑造的一种常见而重要的方式。在本单元，我们将重点介绍烫发前的准备、烫发的基本操作方法，使学员熟练掌握烫发基本技能。

模块一　烫前检查

烫发前应仔细检查头皮。如果头皮有擦伤，烫发极易对头皮造成伤害。对有红疹或过敏性的头皮，必须等情况改善后才可烫发。

一、发孔的区分

发孔适中正常的头发：表皮层的鳞片会略微突起外掀，使头发能适量吸收湿气（水分）或化学药水。

发孔少：表皮层的鳞片呈紧密坚固状，少有往外掀起的现象，光的折射面少，且表面光滑，药水的渗透缓慢，烫发时间较长。

发孔多且大：常因漂淡褪色及过度的烫发而造成，头发表皮层的鳞片大量往外掀，造成水分流失，头发显得粗糙干枯、脆弱、易断裂，药水的渗透非常快，烫发时间需较短。

二、测试的方法

1. 头发触摸测试

抓取一小束头发并梳顺后，以一只手的拇指与食指，紧紧握住发尾处，用另一只手的拇指与食指轻轻触及头发，夹住头发，由发根到发尾来回轻轻滑动，以感觉表层所呈现的情形，从而得知发孔多少。当手指滑动时光滑、阻力小、没有粗糙感，表示发孔少,则药水不易渗透,烫发所需的时间较长。若手指滑动时,明显有阻力、有粗糙感,即表示发孔多,且发孔越粗糙,则烫发所需的时间越短,如图3—1所示。

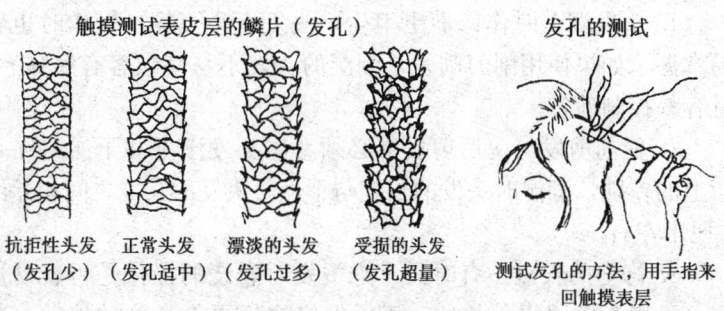

图3—1 头发触摸测试

2. 头发吸水测试

表皮层鳞片紧密时,发孔少,水喷洒在头发上会滑落;反之,则发孔多,水喷洒在头发上很快被吸收,头发容易变潮湿,如图3—2所示。

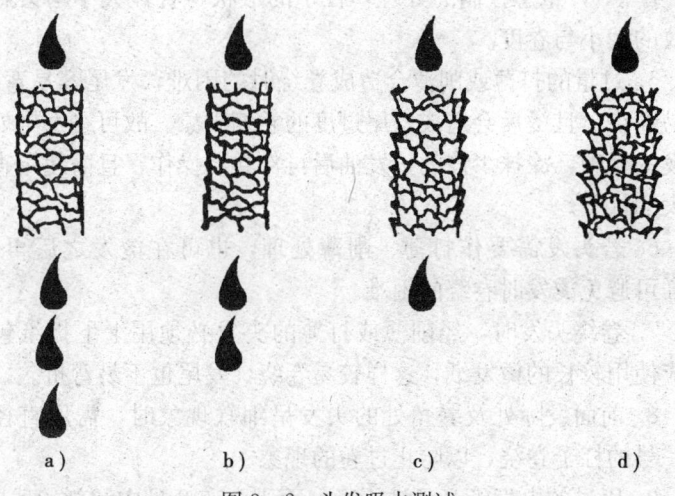

图3—2 头发吸水测试
a) 水完全滑落 b) 水大部分滑落 c) 水少部分滑落 d) 水完全吸收

三、烫发前头发修剪工作及注意事项

洗发前后，可视发型的需要，使用剪刀、削刀，作烫前剪发或烫后剪发。

1. 头发潮湿时作修剪更卫生，头发不会飞扬，操作时也较易掌握。如果使用削刀削发，潮湿的头发不易使顾客有疼痛感，且容易控制剪发。

2. 烫前剪发与烫后剪发都必须考虑头发潮湿和干燥时在长短上的差别，潮湿时头发的长度与干燥时头发的长度之间相差约1厘米左右。

3. 修剪的长短，有时需考虑烫发时卷绕的操作是否容易操作，可将头发留得稍长些，于烫发完成后再作长度的修剪（剪短）。另外，还需考虑卷度的大小，而卷度的大小与卷杠的大小有关，故需考虑长度与卷度之间的配合（头发的长度，起码需卷绕在卷杠上达一圈半以上，否则不可能形成波纹）。

4. 修剪头发应仔细考虑发型的形状（长短、轮廓、层次高低、厚薄），量感控制的处理，杠子的形状与直径大小均会影响花纹的大小与卷度。

5. 过量的打薄或削薄会造成卷绕时的困难，发尾容易弯折，不易卷绕，且烫后会造成发尾过度的卷缩现象。故可在发尾处作护发的处理，涂抹少许的护发油后再作卷绕操作，且需使用直径较大的杠子。

6. 若头发需要作打薄、削薄处理，也可在烫发之后再作，这样可避免烫发时卷绕的困难。

7. 卷绕头发时，经削薄或打薄的头发必须用上下折纸包住且应使用较长的烫发纸，这样较易卷绕，发尾也不易弯折。

8. 前面发际处及鬓角处的头发呈细软现象时，需用直径略大一号的杠子卷绕，以防止过卷的现象。

9. 用过的电发纸必须洗干净，否则会有2号中和剂的残留。

模块二 卷杠的要求及卷法

一、卷杠的使用要求

1. 垂直头皮提升，略高于头皮。
2. 将头发梳通顺，发片要处于完全绷紧状态。
3. 禁止发片倾斜。
4. 发尾要充分散开，不能变成一小束。
5. 上杠时，每一个杠子在本身范围内分份儿，不能牵带邻近发片，要整齐、笔直、光亮、无毛刺，无碎发显露。
6. 上杠时皮套要向杠子前缠绕。
7. 卷万能杠时要左右晃动着缠绕。

二、发片与头皮的关系及拉取的高度

短发标准排列烫，发片与头皮呈垂直状90度角或略高于90度，如图3—3所示。

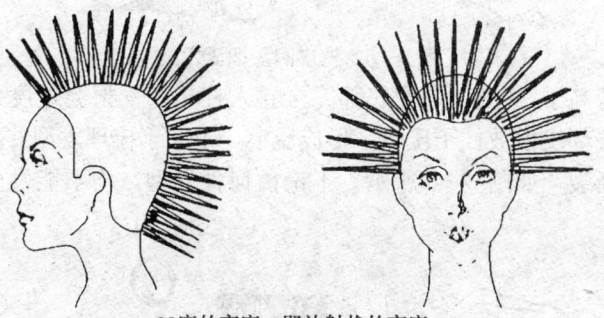

90度的高度，即放射状的高度

图3—3 发片拉取的高度

发片的底部发根有1/2卷入杠子，1/2离开杠子，这是最好的高度，且应略高于90度，如图3—4所示。

若低于90度，则发片的底部发根远离杠子，发根有一段无法形成弯曲的波纹，会造成发根无弹性，不蓬松，呈下塌状，且

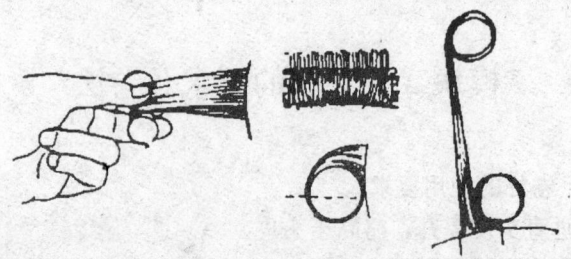

图 3—4　发片底部上杠方法

容易造成皮套压住发根头发而使头发断折，如图 3—5 所示。若给无层次、低层次、顶部无法蓬松的发型或半段式排列烫发（仅发尾烫卷、发根不烫的发型），可用低于 90 度的高度卷绕，仅需注意皮套固定的方式，内松外紧即可。

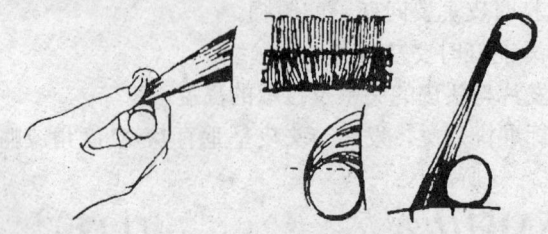

图 3—5　橡皮圈易捆压发根

若高于 90 度，发片底部完全卷入杠子，发根会过度蓬松且造成底部发根被杠子压住，形成压痕，不利于梳理发型并且发根容易断裂，如图 3—6 所示。不论烫何种发型，均不能发生此种现象。

图 3—6　卷杠压住发根

三、卷绕发片的注意事项

1. 分出发片时需将发片梳顺、拉直，不可有打结凌乱的现象，如图3—7所示。

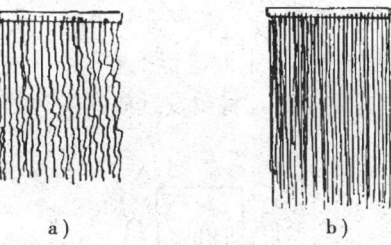

图3—7　卷绕前对发片的要求
a）错误　b）正确

2. 除注意提拉的角度之外，还要注意不可卷成歪斜不正的效果，如图3—8所示。

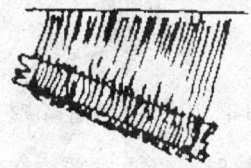

图3—8　歪斜错误

3. 发片需平直地梳顺散开，发尾不可缩小变窄，如图3—9所示。

图3—9　卷绕前对发尾的要求
a）正确　b）错误

四、单纸覆盖式卷法

单纸覆盖式卷法适用于短发发尾整齐的发片作卷入之用。当头发梳直梳顺后,将纸放置于发片的中间处,用单手或双手将烫发纸拉往发尾,发片需拉直、平顺、无曲折,发片的高度应略高于 90 度,烫发纸可放置于上面进行推卷。

1. 发片垂直高度拉时,将烫发纸放在发片的外侧,如图 3—10 所示。

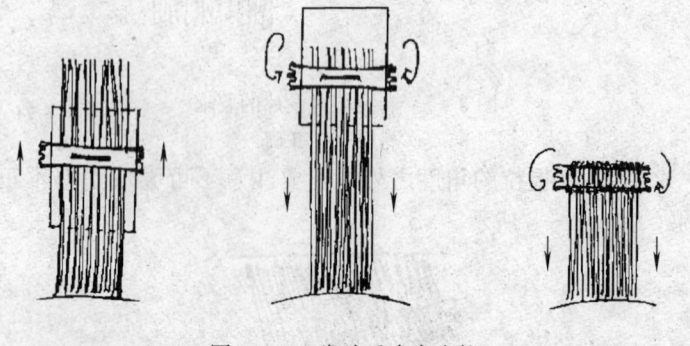

图 3—10 发片垂直高度拉

2. 发片水平高度拉时,将烫发纸放在发片的上面,杠子放在发片下面,如图 3—11 所示。

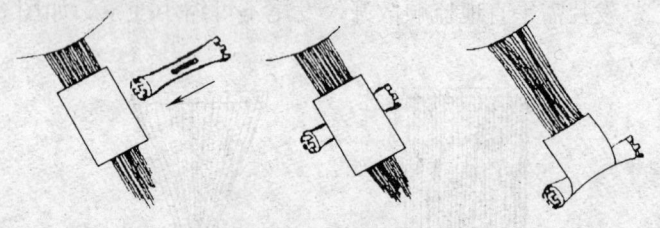

图 3—11 发片水平高度拉

五、单纸对折卷法

单纸对折卷法适用于发片长度较短、杠子较短及较整齐的发片。当发片梳直后,将烫发纸的一半放置于发片 1/2 的下方,用一手拉住发片,另一手拿烫发纸包住头发后拉往发尾卷入,如图 3—12 所示。

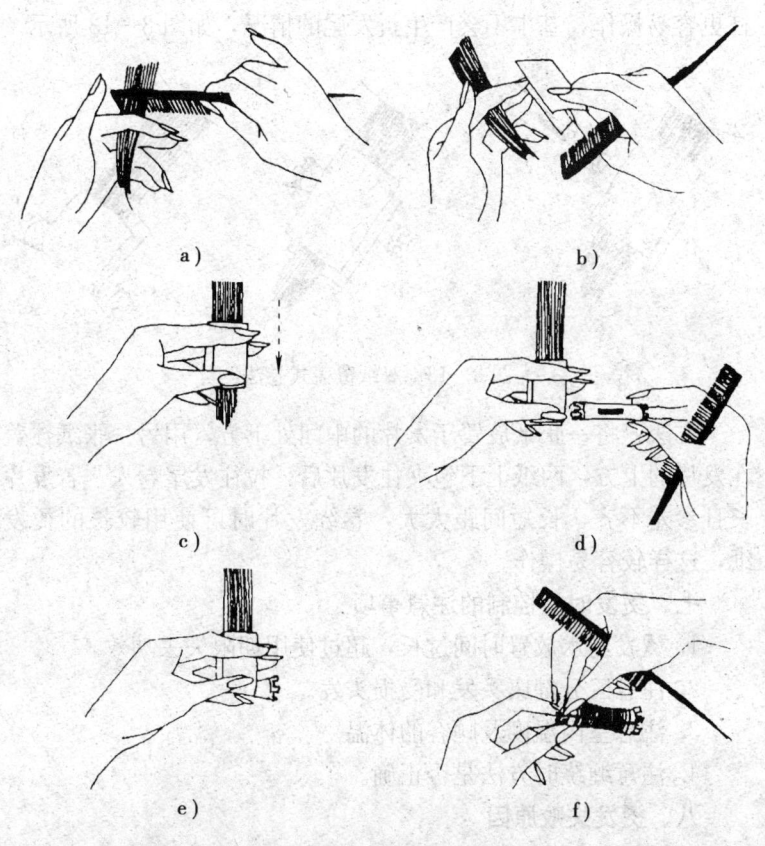

图 3—12 单纸对折卷法
a) 梳顺 b) 折纸 c) 夹住向发尾拉
d) 上卷 e) 发尾卷入 f) 放置橡皮圈固定

方法:左手握住发片及烫发纸,烫发纸的一半在发片的下方,用右手将烫发纸对折盖住发片,包住后,用双手将发纸拉往发尾卷入。注意发尾不可凌乱、曲折,梳直梳顺后才可卷入。

六、双纸覆盖式卷法

双纸覆盖式卷法适用发尾呈长短不齐的发片,这种方法使上杠更容易操作,基本不会产生折发尾的情况,如图 3—13 所示。

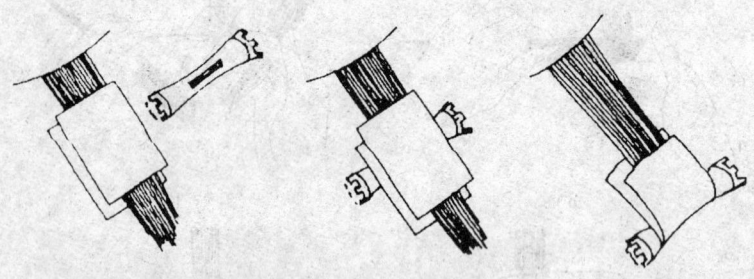

图 3—13 双纸覆盖式卷法

方法:将一张纸放置于发片的中间处下方,用另一张纸覆盖在发片的上方,两纸上下包夹住发片后,拉往发尾卷入。若发片长且参差不齐,长短间距太大,卷绕发片时可使用较长的烫发纸,这样较容易操作。

七、烫发时间控制的注意事项

1. 烫发药水放置时间过长,超过使用期限失去功效。
2. 注意区分健康头发和受损头发。
3. 注意室内温度及顾客的体温。
4. 注意缠绕时方法是否正确。

八、烫发失败原因

1. 错误选择 1 号剂(pH 值)。
2. 卷发时没有将头发充分梳顺,使发尾断折。
3. 提升角度高,有压住发根(皮筋固定错误)现象。
4. 注意加热的温度及时间。
5. 2 号剂没有充分定型。
6. 发片过厚,洗发时打护发素。

烫发失败的原因还有很多,在此不一一举例,操作时应多加体会，注意总结经验。

模块三　杠子的基本排列方式

一、长方形排列

长方形排列：顶部头发向后运动，两侧和脑后头发走向朝下，如图 3—14 所示。

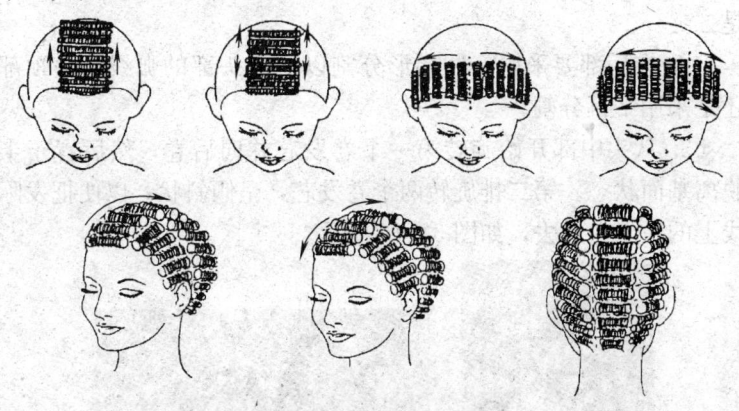

图 3—14　长方形排列

1. 由中间一排的前面开始卷绕至后面发际（前面部分可往前卷绕或往后卷绕）。

2. 卷绕左后侧或右后侧的后半部，由上至下卷，接着卷前半部，也由上至下卷。

3. 一侧卷完，卷另一侧，直到全部卷完为止。

4. 若发际四周的长度短，则采用叠砖排列辅助完成。

二、砌砖形排列

砌砖形排列：可以消除因头发走向的变化而在其之间留下的空缝，并具有较强的支撑力。头发的走向朝后处理，但也可作多走向处理，如图 3—15 所示。

图 3—15　砌砖形排列

1. 采用平行分配结合斜线分配的长方形基面。排列方式仍是二夹一。

2. 在后部要采用一些梯形分割以适应头部的弧线，头顶部还是采用平行分割。

3. 从头中部开始旋转第一个卷发芯并向后卷，然后置于半脱离基面状态。第二排旋转两个卷发芯，呈倾斜状，以便把发际线上的头发卷进去，如图 3—16 所示。

图 3—16　操作要领（一）

4. 使用一个长卷发芯，放在中间的位置。卷完后，用发针把几个卷发器穿在一起。

5. 下一排用两个卷发芯，接下来再用一个，如此交替。注意保持用力均匀，如图 3—17 所示。

注意：每一靠近发际线的头发都要倾斜旋转。在接近发际的地方可适当调整卷发芯的长度。

6. 头发顶部用平行分配法，头发两侧用斜线分配法，两耳

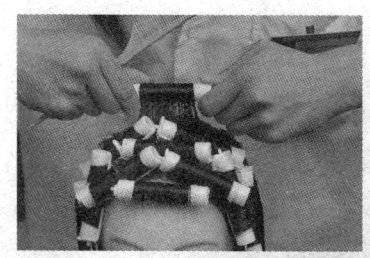 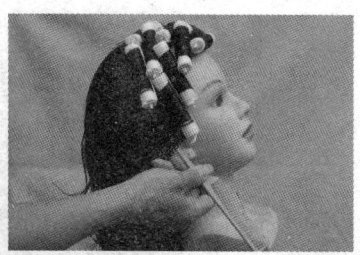

图 3—17 操作要领（二）

上方所有的头发也应包括在内。

7. 从头顶中心部开始卷发，从前到后。卷过发冠以后，注意分划线为了适应头部曲线变化也发生的改变。这是一个转折分区，应小心处理。

8. 在转折过渡分区，横着一排用四只卷发芯，接下来的一排用三只卷发芯。这两排卷发芯刚好在两耳之间，耳后的四只卷发芯应放置成斜角。

9. 后部操作：先平行放置两个卷发芯，然后下一排在正中位置放上一只长卷发芯，两边再放上一只短卷发芯，如图 3—18 所示。

10. 在前排中间卷发芯后面再平行放置两只卷发芯。卷的过程中用发针加以固定。

11. 在这两只卷发芯的两侧各放置一个卷发芯，但要减小倾斜的角度。这一排共使用四只长卷发芯，下两排卷发芯就完成了过渡。后颈部的卷发芯全部平行放置。由于该分区变窄，要适当调整卷发芯的长度，如图 3—19 所示。

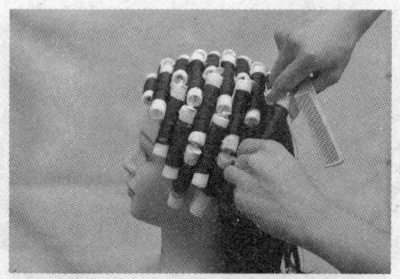

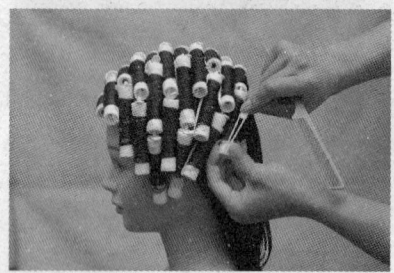

图 3—18 操作要领(三)

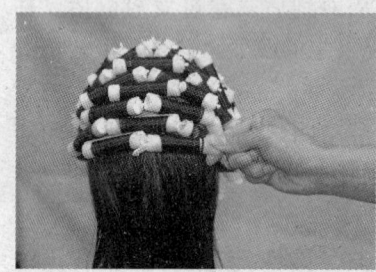 

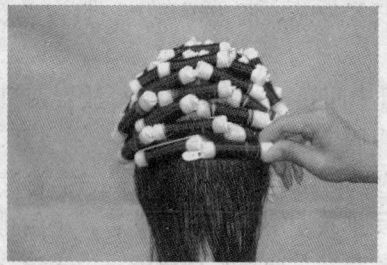

图 3—19 操作要领(四)

12. 此分区头型变化较大，但注意保持 90 度的角度。

13. 卷发芯的位置仍然要保持半脱离基面状态并用发针固定下来。

14. 头发长度的一致和发卷造型的一致是因为采用了相同直径的卷发芯，如图 3—20 所示。

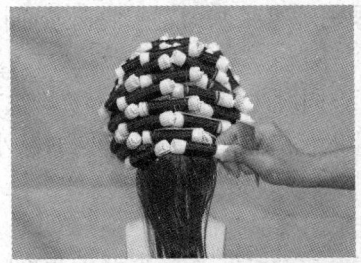
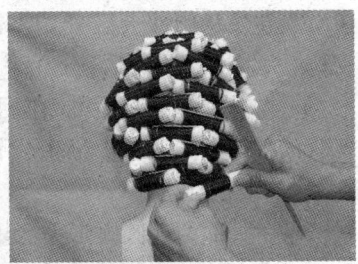
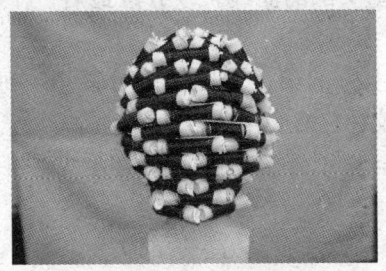

图 3—20 操作要领（五）

三、扇形排列

扇形排列：头发呈圆弧状向后裹去。从侧面看上去，每一排卷发芯构成一个圆拱形，如图 3—21 所示。

图 3—21 扇形排列

1. 划分图形包括一个长方形分区（头中部，从前到后）和头两侧的弧形分区。

2. 把头发向后梳去，将头中部从前发际线一直到颈部划成长方形分区。两侧依照头部的曲线划分成相应分区。同样，运用卷发芯的长度决定各个分区的宽度。

3. 卷发从中部分区开始，采用等直径基面、半脱离基面控制法。头发的卷向朝后。

4. 卷过中心点从后继续向下，同时注意卷发时用力要均匀。

5. 在每个卷发芯上插上发针以保持位置的固定，同时减小皮套对头发的压力。

6. 在头部两侧圆弧形分区里采用梯形基面。

7. 注意跟随头部的曲线。该分区最后一个卷发芯应与发际线平行。

8. 在耳部上方的第二个圆弧形分区里，每卷完一个发卷，立即插入一个胶针，然后再插第二个。

9. 在耳后，由于分区宽度变窄，所以要相应选择长度较短的卷发芯。

10. 用同样的方法卷制另一边的头发。

11. 在头的侧面进行操作时，一定注意保持用力均匀和卷发芯之间的相互平行。

12. 最后在卷发芯的两端都插上发针。注意卷发芯都应处于半脱离基面状态。如图3—22至3—25所示。

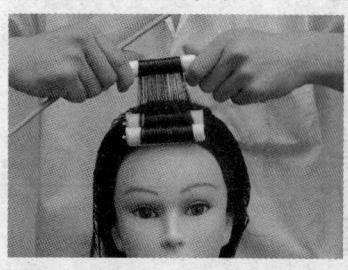 

图3—22 操作要领（一）

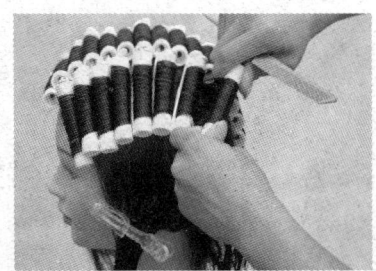

图 3—23 操作要领(二)

图 3—24 操作要领(三)

图 3—25 操作要领（四）

第四单元 染 发

目前，染发越来越多地被时尚人士喜爱，人们通过各种色泽和方式的染发彰显个性。在本单元，我们将重点介绍染发常用器具和染发基本方法，使学员熟练掌握染发基本技能。

模块一 认识染发常用器具

一、染碗

要使用结实的塑料碗或新陶瓷碗，不要用带金属边的或金属碗，以免金属与化学制剂产生不良化学反应。

1. 染碗（见图4—1）内往往有刻度，确保精确性，这样的染碗可用于任何目的的染发。

2. 要选择底儿重的染碗，质量轻易翻，有些碗底包有或镶有橡胶垫用来防滑。

二、刷与海绵染

1. 刷（见图4—2）一般由硬化橡胶或塑料制成，一端有方

图4—1 染碗　　　　　　图4—2 刷

形扁状的毛，另一端往往是尖的，这样染发和分发可使用同一个工具，染刷的大小要适合染发技术。

2. 海绵用泡沫材料制成，一边呈锯齿形，另一边是平的，可固定在塑料把柄上。

三、发夹

发夹（见图4—3）有各种颜色，各种式样，是在固定头发和分发时使用的。只要发夹不直接与化学制剂接触，可以使用金属发夹。鳄鱼夹很适合在染发时固定长发而不妨碍工作。

图4—3　发夹

四、染剂瓶和计量瓶

1. 有些制剂太稀，不宜用碗或刷，使用染剂瓶（见图4—4）既可保证化学制剂的均匀施用，又可准确地计量，是不可缺少的工具之一。

2. 要选用刻度清晰和喷头好用的优质塑料瓶。

3. 倾倒染剂时最实用的是带有凸嘴并有计量标志的计量瓶。

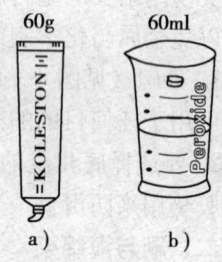

图4—4　染剂瓶和计量瓶
a) 染剂瓶　b) 计量瓶

五、发梳

硬橡胶发梳，主要是由天然橡胶和合成橡胶混合制成的。用于顾客的发梳一定要能抗静电，制作精致，梳齿分离且不夹头发（见图4—5）。

六、箔片

箔片（见图4—6）是成卷包装的，可按照需要的大小剪裁，不同颜色的箔片可为染发工作增加些风采,也能为颜色分布提供标志。

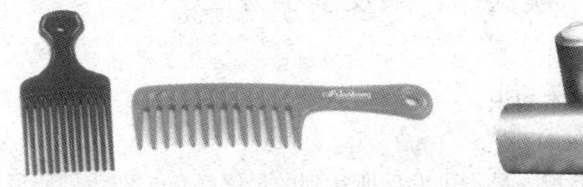 

图4—5 发梳　　　　　　　图4—6 箔片

七、保护用具

1. 在整个染发过程中应使用手套保护双手,手套是由塑料聚乙烯或橡胶制成,加倍小心地保护双手对发型师来说是非常重要的。

2. 药棉条和隔离霜对于保护顾客的皮肤不被沾染也是很重要的(见图4—7)。

八、围裙和肩套

可以保护工作人员和顾客的衣服不受化学制剂的污染和损害。许多顾客喜欢在染发时脱掉外衣和上衣,穿上美发专用罩衫。染发师要使用一次性聚乙烯围裙和肩套(见图4—8)。

 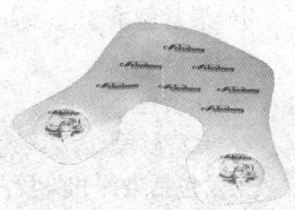

图4—7 保护用具　　　　　图4—8 围裙和肩套

模块二　染发基本方法

一、染发基本知识

1. 认识色板

色板也叫毛板，是指染发后所达到的最终颜色，即我们所说的目标色。有了色板，我们可以让顾客有一个非常清楚的颜色选择。同时发型师也可用色板相对应的染膏去操作，非常方便。色板上的染膏颜色通常用数字来表示，如 5.655 表示：

5（色度）.6（主色调）5（副色调）5（微色调）

- 色度指颜色的深浅，有 1~10 度之分。
- 主色调：含有最多的颜色粒子，其中的数字代表着不同的颜色。

0—自然色系

1—灰色系

2—浅紫色系

3—金黄色系

4—铜橙色系

5—褐紫色系

6—红色系

7—深紫色

2. 染发形式

染发包括染深和染浅两种形式。

染深包括浅色的黄染成棕色、白色染成黄色、白发染成黑色等。在七彩颜色的变化上，一般冷色能覆盖暖色，暖色不能覆盖冷色，这时需先洗色后再染。颜色染深时可一次从发根涂到发梢，且用浓度为 3% 或 6% 的双氧奶，双氧奶主要起氧化人造色素变大、变色，不褪色的作用。效用时间一般为 20~30 分钟可加热也可不加热，涂放时可从前向后一次涂放（从前发区到后发区）。

颜色染浅时，需要选择相应的较高浓度的双氧奶使头发褪色，有时也起到将人造色素变大锁定和变色的作用。

二、染发基本方法

1. 准备工作

首先，做皮肤测试以防止过敏，检查头皮有无破损情况，用毛巾和围布将顾客保护好，也可在顾客的发际线周围涂上一层保护霜。

用色板为顾客选择一种合适的颜色，然后将染膏和双氧奶以1∶1的比例来调配。双氧奶的浓度要根据染浅或染深而定。

2. 洗发

涂放前一般不必洗发，原因是头皮上的自然油脂和汗腺分泌物形成酸罩，可以有效地保护头皮不被染上颜色。洗后的头发含有30%～35%的水分，会降低双氧奶的作用，影响着色效果。染后的头发在洗发时能有效进行乳化，有利于清洗头皮上的染料。

涂放时必须快速而且确保染料足够，防止慢或染料不够而染得不均匀。

3. 第一次染发

（1）采用两次涂放法　如图4—9所示，染膏先从后发区开始涂放，离开发根1～2厘米，注意后发区的头发不易着色，涂放的量要多一些，然后向前发区涂放，等大约15～25分钟后（此时头发部分着色），再将剩余的染膏涂于发根，注意要涂满头皮，但浓度过高的双氧奶不宜涂到头皮上。效用时间大约20～30分钟，此时应注意观察，待发根与发干的颜色一致时立即洗去；否则，发根很容易染过而太浅。

在染色时，一般较浅的、鲜艳的目标色需适当地加热，而较暗的颜色可不加热。

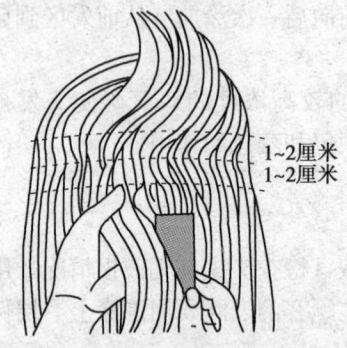 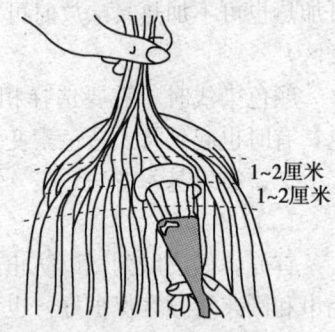

图 4—9 涂放染膏

(2) 均衡发色 为了使发色均衡且上色效果好，在要结束时可用喷壶喷湿头发，以稀释双氧奶，如图 4—10 所示。因为浓度高的双氧奶虽然褪色效果快，但有抑制上色的作用，所以后期要用水稀释双氧奶来增强上色效果，时间大约为 5～10 分钟。在冲掉染料后，为了去除残留的碱和双氧奶，可用草酸护发素进行护理。

图 4—10 稀释双氧奶

(3) 检查是否过色 取 2～3 根头发，用面巾纸擦掉染膏逆光检查，透明没有黑点即表示完全过色，有黑点说明没有完全过色。

4. 补染

染过的头发长出的新生发超过 2 厘米染发时，先将离发根 2 厘米之外的新生发涂上染膏，以前染的头发不要涂。等 15～20 分钟之后，将发根与剩余的发尾一同涂上染膏，待颜色统一后洗掉（见图 4—11）。

新生发长度小于 2 厘米的头发补染时，可以采用发根与发梢一次涂抹的方法，检查颜色统一后洗掉。

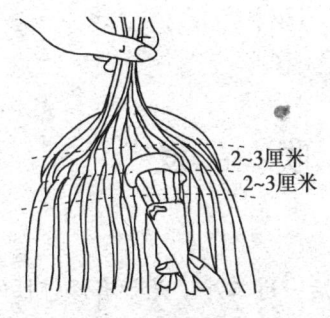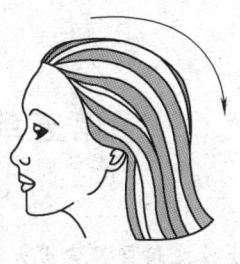

图 4—11 补染

5. 花白头发的染发处理

花白头发要想染得颜色统一，需要事先用基色处理一遍。只有少量花白发时，也可将基色加入目标色中进行染发。特别需要注意的是，白发数量的多少会使染发的结果受到限制，见表 4—1。

表 4—1　　　　　　　染料的配比关系

白发	程度	最高度数	加基色量：目标色：双氧奶
轻度白发	30%以下	6度	1：3：4
中度白发	30%~50%	5度	1：2：3
重度白发	50%以上	4度	1：1：2

6. 杂色发的染发

所谓杂色是指头发的颜色不统一，例如花白发或者原本染过的头发有新生发长出等。染发时，需要先用比目标色稍浅一度的基色事先染发，颜色统一后再染成所要的颜色。

需要注意的是，在染发时尽量不要试图更大地改变顾客原有的颜色。

第五单元 吹　　发

吹发及梳理是完成发型的最后一道工序，是带有修饰性的一项技艺。修剪确定了发式，而吹风是塑造发型，它是在修剪所确定的发式基础上进行的。在本单元，我们将重点介绍吹发基本要求和操作方法，使学员熟练掌握吹发基本技能。

模块一　吹发前的准备及吹发的基本要求

一、吹发前的准备

1. 搓干头发

洗头后应将湿头发搓干，一般是用毛巾包住头，两手五指分开隔着毛巾揉搓，要求无水珠流下。搓干头发可以缩短吹风操作时间，节省电力。

2. 擦油

擦干头发后应征询顾客意见是否要擦油。如需擦油的，以凡士林为主掺上少许发油，将两种油揉合均匀地搽在头发上。四周宜多搽一点，额前顶部略少一点，或是顶部额前以搽发油为主，加少许凡士林。用油要因人而异、因发而异，一般熟头发多一点，生头发少一点；头发多的要多，头发少的要少；年轻的要多，年纪大的要少；沙发宜多，油发宜少。擦油后头发滋润，吹风容易柔顺，梳理容易成型，发型也比较牢固，更主要的是能保护发质。

3. 分头缝

分头缝要征询顾客意见，在未吹风之前分好。分头缝的位置、比例、长短都与造型有密切关系；同时，它与头发的自然生长、年龄大小、性格特征以及缺陷的弥补等，也都有密切关系。

一般头缝以排在靠发旋的一边为宜，发式的左右流向应适合毛发自然生长的方向。排在左边的称正头缝，排在右边的称反头缝。

头缝位置的具体比例是，从左自然轮廓至右自然轮廓，分成十等分，以鼻梁为中心，一般常见的头缝大约有三种分法，即二八分、三七分、四六分。二八分表现性格活泼；三七分适应的面较广，梳理方法较灵活、多变；四六分则是一种老成持重的性格表现。

头缝长短一般宜至耳部（即耳后），如有疤痕等缺陷的可适当缩短。头缝一般不宜前后有高低，应是一条水平直线，但如年龄大、有缺陷等，也可以后部略高于前面。

分头缝时，可以用左手也可以用右手，挑针尖要对准所分的角度，针柄略抬高，与头皮呈 25 度至 35 度角，自前向后平挑，然后将木梳顺着挑针把头发梳理出左右边，同时出现一条直线。这条直线要求直、显。直即头缝笔直，显即清晰明显。

二、吹发的基本要求

任何发型都是由轮廓、纹理、额前线条所组成的（如果是分头缝的发型，则头缝也是组成发型的一个重要部分），因此说轮廓、纹理、额前线条、头缝是吹风塑造发型的几个基本要素。

1. 轮廓

人的头部是一个自然形成的椭圆轮廓，人的脸部也是一个轮廓，头发经过吹风与梳理后的发型又是一个轮廓。把这三个轮廓加以变化，使之适合头型、脸型轮廓，是一种造型艺术。

艺术尽管千变万化，但也是有规律的。首先头型是一个自然的椭圆体，这就要求发型轮廓齐圆饱满；其次脸型有三庭五眼规律，这就要求发型轮廓（通常称为外轮廓）与脸型轮廓（通常称为内轮廓）相结合，即发型轮廓的高低大小同头型轮廓和脸型轮廓有机地联系起来。无论发型有何变动，必须遵循头型的规律和脸型的三庭五眼规律，否则三个轮廓就联系不起来。但即使是同一个头型、脸型，因发型不同，发型的轮廓也是有差异的。

我们所要求的发型轮廓齐圆、饱满不是从单一角度去看，而是从多种角度看的（正面看，侧面看，甚至仰看、俯视）。所要求的内外轮廓相结合，一般是正面看的，调换一个位置或角度就无法看到脸部的全貌，也就不能比较精确地看到外轮廓的高低大小和内轮廓的结合。正面看上去相结合的形状应是一个鹅蛋形或瓜子形。达到上面这两点要求，才能说得上发型轮廓是好的或比较好的。

2. 纹理

纹理也称丝纹。丝纹有不变化与变化两类。不变化的是单一的，变化的目前大致上有波浪纹、卷曲纹、螺旋纹等几种。

应该说是丝纹塑造了发型，如波浪纹塑造了波浪发型，卷曲纹塑造了卷式发型，丝纹完全向后塑造了老年发型，斜梳塑造了中青年发型等。不变化的丝纹要求是平伏、清晰，条理清楚，具有木梳梳过的丝丝纹路的痕迹；变化的丝纹要求是纹面不乱，活而象形，要符合变化与统一、对称与响应、对比与调和等规律。

3. 额前线条

额前线条是与轮廓、纹理联系在一起的，它既是轮廓的一部分，也是纹理的一部分。它与轮廓、纹理一起组成了一个完整的发型。由于额前首先接触面容，也应该说成是面容的一个组成部分。如能把额前部分处理好，会起到锦上添花、画龙点睛的作用。

额前的轮廓决定整个发型的轮廓，正梳的发型是以左额前顶部轮廓为主，如左额角轮廓处理不得当，整个发型轮廓也不会好。反梳的发型以右额角轮廓为主，做法是一样的。

额前的纹理主导整个发型的纹理。额前纹理的流向决定整个发型纹理的方向以波浪型为例，如果额前波浪的纹理处理不妥当，则整个波浪就会显得别扭，甚至波浪之间衔接不起来。因此吹风时，一般都是从额前开始，最后的修饰（复梳或整理）也是在额前部分。

一般的修饰有两种：一种是有刘海，刘海有多少、厚薄之分；另一种是没有刘海。具体的修饰方法有很多种，为了把额前部分处理好，发型师既要掌握它的理论，还要在实践中去体会，才能获得技术与艺术的统一。

模块二 吹发的标准及要领

一、吹发的标准

1. 轮廓齐圆，饱满自然

吹发定型，是以修剪操作所确定的发式为基础的。修剪操作是依照人的头部自然形成的椭圆轮廓进行修剪并确定其发式的，这样就要求吹风造型同样要保持轮廓自然、形象齐圆的要求。

轮廓齐圆是吹风的最基本要求，但仅仅齐圆是不够的，还必须做到饱满，使内轮廓与外轮廓相结合。顶部四只角高低要一样，才显得饱满舒适。顺向的一只角允许略低，可体现出精神活泼。额前的头发要吹得饱满，必须具有两条弧形，一条是左额角至右额角的弧形，一条是自下而上的弧形，这样才能齐圆和饱满。头缝也要求两旁隆起饱满，符合一般技术要求。

2. 头缝明显整齐，丝纹清楚不乱

分头缝的发型，头缝处理得好坏对整个发型有很大影响，也是吹风技术中难以掌握的一环。头缝要分得直、明显而达到一条线，头发丝纹清晰不乱，大边头发吹成立体，小边头发平伏，但也要微微松起。顶部头发平松，丝纹不乱，不脱节，不开裂。

3. 周围平服

这是指轮廓线部分头发发梢平伏地贴在头皮上，尤其与露出肤色的交接处要求不翘，发干微微折曲成"弓"形。顶部与左右两侧和后脑部要饱满，有弧度。

4. 不烫不焦，持久牢固

吹风必须做到不吹烫头皮，不吹焦头发。这就要求，吹风口与头发保持一定的距离和角度，控制好吹风口的温度，这样才能达到不烫不焦的要求。

吹风与木梳密切配合，把头发吹成弯曲的形状。要求把头发吹透，根根平伏，不开裂，不松散，不倒伏，不脱节，这样才能使弯曲牢固持久。

5. 发型与脸型配合

吹风塑造发型，必须先考虑每个人的具体生理特征，再确定吹风要求，在一定程度上修整不足。因为每个人的脸型不同，头型不同，就要区别处理。长脸型的，顶部不宜吹得过高；脸瘦的，两侧要吹得蓬松一些；额骨突出的，两侧不宜贴紧；圆脸型的，顶部可略高；方脸型的，轮廓可略放大；额骨高的，可有刘海；额角狭的，可斜向后梳理等。

一般规律为：额骨与肋骨决定轮廓的大小；脸型的长短决定顶部头发的高低；额肌宽狭高低决定刘海的多少和有无；人的体态胖瘦决定头发的紧贴和蓬松。实际操作时要灵活运用，不能生搬硬套。

二、吹风技术要领

吹风与梳理发型是同时进行的，所用工具为吹风器和梳子。

1. 梳子与吹风器的配合

吹风握梳，有"压""别""拎""拉""推"等方法，这几种方法在具体操作时一般不是单一使用，往往互相交替使用，因此必须根据发型需要灵活掌握，这里仅作一些简要的叙述。

（1）"拎、拉"结合，拎起头发向前拉，能使头发平松而饱满，一般用于额前顶部和大边的侧面。

（2）"推、别"结合，先推后别，能使头发牢固而平伏，一般用于两侧、后脑部及额前顶部。

（3）"推、压"结合，能使头缝明显，轮廓边缘平伏，一般用于头缝、发旋、轮廓高起处和两侧向前长的头发向后吹。

（4）"拉、别"结合，能使头发呈弧形、显得弯曲。其他还有"推、拉结合""挑、别"结合等，每种结合方法都有一定的功效和适用之处。

运用木梳的技巧还包括要适当掌握梳子的轻重。一般来讲，头发软的，梳子应轻一些，头发硬的可以重一些。要想把头缝吹出弧形感也需正确运用木梳。吹风时，木梳用力在发根部位，而头发上部用力就要轻些。额前顶部要求丝纹清楚，衔接好，不起梗结，就得轻重一致地一层一层吹。

执梳方法正确，木梳运用就灵活自如。正确的方法是，以拇指、中指、食指抓梳，这样手腕、手指用得出力，才能运梳灵活。木梳在吹风的过程中通过不断地调节角度来完成发干、发梢的弧形与流向，达到轮廓饱满，发梢平伏。

2. 吹风器的运用

（1）正确掌握送风角度：热风不能直接对着头皮吹，以免吹烫头皮，吹焦头发，必须恰当掌握给风的角度。什么部位需要打多少风，这与给风的角度有关。一般吹风口倾斜25度至30度吹风，吹顶部、后脑部可用2/3的风量，吹压头缝及其他部位都是用1/3的风量。压四周发角时，如用毛巾压，可用2/3的风量吹在毛巾上，1/3的风量吹在发角上；如用手掌压，只要吹风温度手掌能承受，就不致烫痛头皮。

（2）给风时风口与头皮之间保持适当距离：把头发吹成一定发型，主要依靠吹风器发出的热量。给风口与头皮的距离要适当，如过远，热量易散发，就不能使头发成型，或是虽能成型但费时费电。如距离太近，热量又过于集中，即便角度正确，头皮也难以忍受，很可能把头发吹得瘪进去，甚至会留下梳背压发的痕迹，以至吹烫吹焦。较恰当的距离一般是吹风口与木梳之间相距3~4厘米左右,但也不是一成不变,还要依风力、热量而定。有经验的发型师在吹风前总是把吹风口对准手心吹一下,以便掌握风力的大小和热量。

吹风口必须跟随木梳,不要直接吹在木梳没有梳理的地方。也不可逆丝纹流向送风,以免吹翘。

(3) 正确掌握送风时间:吹风时间过长,容易把头发吹僵,时间短又不能奏效。但由于各人发质不同,洗过头后湿度也不完全一样,擦油后对头发受热程度也有影响,因此吹风时间没有统一的标准,应从实际出发。吹风时观察顾客的表情,也是衡量送风时间的一种方法,顾客感到烫了,马上转移风口,不要停留在吹烫的地方,尚未完成的工作,等热量散发后再吹。不要把风口在头上打圆圈,这样热度不集中,也会拉长时间。一般木梳移动要慢,吹风的动作要快一些,这样吹风后造型可以牢固耐久。

吹风主要起干燥加热处理的作用,木梳则是成型的先导。当处理某一部位时,在吹风与木梳的配合上,应是"吹风移向,木梳暂留",这样可以使头发在热量还未散发之前,保持住预想效果。特别是用过凡士林的头发更宜如此,它可以使油质冷却凝固,从而加速成型。

三、吹制各种发型的操作方法

吹风的发型无论怎样千变万化,都是由分头缝、不分头缝、一面倒、波浪式及卷式五种基本发型组成的,也是目前社会上流行的几种主要发型。这五种发型有共同点,也有不同点。

1. 分头缝发型

分头缝发型又有青年式、中年式、老年式之分,最基本的是青年式。

青年式应根据顾客的要求把头缝分好,先压头缝,吹大边。吹风口必须配合木梳,离头皮约2厘米左右。用1/3的热风吹足发根,梳背轻轻一压,迅速上提,用"别、拉"的方法把发干拉成半圆形的弧度,高度约4厘米左右,使大边立体饱满。再用

"别、推"的方法处理后顶部、后脑部，然后用"拎、拉"的方法处理顶部与大边额前，使额前部分平松、饱满。大边处理好以后，接着处理小边。用木梳头 1～2 齿沿头缝平行地将小边头发向后吹带，吹风口离木梳 4 厘米左右，距离要根据风力及热量而定，风量 1/3，动作要略快，趁头皮有水分的时候，将小边处理好。接着用梳背压小边下部发角，然后站在顾客身后，用手指、手掌或毛巾压发角直至后脑部。头缝一侧吹好后，吹另一侧，从额前开始至后脑部，用"别、拉"的方法，把头发往上推，吹风口与木梳距离要接近发根，要拉得有力，这一侧轮廓与头缝一侧轮廓要高低一样，对称，饱满，再用同样压发角的方法压好这一侧的发角至后脑部。左右两侧吹好后，用木梳头两个齿拉下少许刘海，吹风口配合木梳前齿顶吹发梢，吹成弯曲型。经过粗吹阶段，这时已基本定型。第二步是复梳细吹阶段，主要是整理纹理，额前造型，使轮廓大小高低合适，发角平伏，最后定型完毕。分头缝青年式发型的技术技巧是最普通、最基本的，是每个发型师必须掌握的基本功。只有打好基础，练好基本功，才能有发展和提高，才能吹好其他发型。

分头缝发型的吹风标准是头缝明显，丝纹清楚，轮廓饱满，立体感强，周围平伏，配合脸型。

中年式压头缝较浅较轻，高度略低于青年式；老年式以平吹为主，其余吹理技巧与标准都和青年式一样。

2. 不分头缝发型

不分头缝的发型俗称向后一边倒，但有向后梳、斜梳、横梳等不同，分别代表老中青三种式样。它们的吹风梳理技巧与分头缝发型的技巧基本相同，区别主要在有无头缝这一点上，因此标准除了头缝这一条外，基本是一样的。

3. 一面倒发型

一面倒是根据头发生长方向吹风梳理而成的，这种发型的最大特点是自然大方，给人以生气蓬勃、精神焕发、年轻天真的感觉,最适合青少年,所以有些顾客把这种发型叫做向前倒的青年式。一面倒的发型还有以下一些优点:牢固,便于顾客自己梳理,可以掩盖头发稀少或其他缺陷,所以有一些中老年顾客也喜欢这种发型。

吹制一面倒发型时,首先要确定旋点位置。一般以后脑中心部位天生的发旋位置为最理想。如有两个发旋,也要选择其中一个较大的或近后脑中心部位的一个发旋为吹风梳理的旋点。如两个发旋都偏离中心部位而在后顶部,那就必须人为地选择后脑中心部位为旋点。人为的旋点不能太高,过高会影响整个造型的美观;但也不能太低,过低会影响整个后脑轮廓饱满的弧形。

其次要确定倒向哪一边。一般以头发生长方向为倒的方向,这就形成了向左倒、向右倒两种正、反丝纹的流向。丝纹的流向、清晰度和牢度是受头发生长方向影响的,确定倒向哪一边比确定旋点位置更重要。

再次是确定发型的造型轮廓。确定了旋点的位置和发丝倒向后,才能确定这一发型的轮廓。一般来讲,造型的轮廓除了受头型、脸型的制约,还要受到发旋和倒向的影响,如果轮廓大了,与头型、脸型不符;轮廓小,则发旋部位就不饱满,容易形成凹凸现象,倒向的丝纹也不自然,不易衔接,而且容易形成向前倒、向后倒的两侧轮廓厚薄、轻重不匀称的现象。所以,一面倒发型的吹风与梳理是先从发旋部位或向前倒的额角部位开始吹理的。一面倒发型的轮廓的大小、顶部的高低以向前倒的一边轮廓为标准。

上述这三个步骤就是一面倒发型特有的技巧,这种发型除具有一般的吹风标准外,还应有以下标准:向前一边不开裂、不脱节;向后一边不倒伏、不重叠;发旋部位丝纹清晰不乱,自然平伏。

4. 波浪式发型

波浪式发型是根据上述三种发型变化而来的。除具有一般的吹理技巧和标准外，还具有特定的技巧和标准。

塑造波浪式发型时，木梳的运动是以"别、推、挤"三者结合在一起的。"别"使发梢、发干往下不翻翘，成弧形弯曲，有立体感；"推"梳齿插入头发以后，作上下、左右、前后的推动，从而推出波浪；"挤"是在推的基础上把木梳倾斜45度至90度角向前挤，即齿尖不动、梳背从45度向90度的"挤"，目的是使波浪纹理活泼自然，波浪可深可浅。在运用木梳吹波浪时，切忌用"压"的方法。"压"虽然能压成波纹，但呈现的波纹是不自然而且刻板的。

木梳"别、推、挤"形成的波纹应注意，每道波纹之间的大小、距离应大致相等，看上去流畅、爽快、利索。如间距不相等，波浪既脱节，又不便于两侧向脑后的交叉衔接。

形成的波浪一般不宜太深，否则起伏较大过于激烈，有汹涌之感，显得不柔和而做作。波纹适中，才能显出形象优美、大方、自然、活泼。

吹风器的配合得当也是吹波浪式发型的重要一环，在木梳作"推、别、挤"运动时，吹风风力的2/3左右应送在发干的弯曲、凹陷处，1/3左右送在木梳的梳背处。只有配合默契，才能得心应手。

波浪式发型的标准是保持整个发型轮廓的完整，不能有凹陷或两侧不等的现象，波纹要清晰，造型要活泼自然。

吹波浪式发型的几点注意事项：

（1）吹风温度不宜过高，避免吹焦头发。

（2）擦油不宜过多，过多发式会显得刻板。

（3）吹时必须先理顺头发的流向。

（4）修剪时要注意，额前头发的长度一般在四横指左右。青年式波浪额前宜略长，大约在五横指左右；朝前一边倒的应略短一点，衔拉部位的头发要稍短、略薄，便于衔接，避免看上去堆积，影响轮廓造型，给吹塑带来困难。四周轮廓宜放大一点，层次稍长一点。

（5）波浪式的波纹大小，要根据头型的特点与顾客的需要而定，灵活掌握。

5. 卷式发型

把头发塑造成曲形，象征着青春活力，朝气蓬勃，所以一般只适合青年。这种发型是不分头缝的，只有向前或向后斜的区别。吹理卷发型时要求流向一致，其操作技巧概括为卷筒、破筒两种。

（1）卷筒

1）卷曲时木梳与吹风器要密切配合，分层分块地用木梳把头发卷成排列、流向规则的立式筒形。筒形卷而有力，富有弹性。卷时木梳卷紧以后在加热时再略为放松，行话称为"木梳回一回"，使卷筒放大，一则便于风打进去吹透，二则不会导致紧而起梗，这样既圆又牢。

2）用木梳把发根拉起，使之站立，便于发梢发干的卷曲。卷时一定要从发梢着手，如从发干着手不仅筒壁内杂乱、弯曲，而且给下道工序带来影响，会使破筒时发梢的流向与整个结构不协调，形成不规则的异向卷曲，行话称为"大转弯"。发根站立发梢卷进去，发干成圈不起痕，是卷筒的技巧所在。

3）卷成的发筒要高低相等，大小相同，这样才能使轮廓饱满。

（2）破筒

1）以手指代替木梳，把发筒划破，使筒形的头发拉成卷曲形。这类破法较粗糙。

2）用木梳把发筒按顺序一个一个挑开，梳成卷曲形。这类破法比较细腻。

无论哪种破法，都是边破边整理，整理是指轮廓上的修饰，使之遵循变化与统一的规律，不致因卷面而影响发型的饱满，使每一个卷曲的小弧组成整个发型的大弧，达到均匀与平衡的规律。

卷式发型无论向前或向后斜，都是满头卷，除了卷筒、破筒的技巧外，还要安排卷筒的位置，这一点是与波浪式一样的，一般左额角至右额角是四卷，额角至脑后是五卷左右。至于顶部的卷筒从额前到后顶部距离较长，不能一次卷成，可分成两次或三次，但每次的卷筒要衔接，而处于发式轮廓线部位的头发较短，不易卷曲，可吹成"弓"形，不致形成上下卷曲脱节的现象。卷式发型不能处理成油条状的排列发式。

卷式发型的标准：轮廓蓬松，不紧贴头皮；额前饱满，刘海自如，造型自然；四周发角平伏，不翘不翻，不因卷曲而影响吹风梳理的基本要求。

模块三 常见的吹发难点和解决办法

在吹风与梳理的实际操作过程中，往往有几处不易处理好，这就是常见的几种吹发难点。

一般情况下，头缝和额前（造型部分）轮廓为吹发的难点。

1. 头缝

常见的有两种情况，一是头缝不直，不明显。二是大边发根不站立，或东倒西歪，或吹瘪进去；小边轮廓不饱满，丝纹不平伏清晰。要解决头缝这一难点，必须掌握分头缝与吹头缝的技术技巧。

分头缝的技巧，就是以目测来检验头缝的标准，一是面对头缝直接看，二是站立位置不动，朝镜子里看。直接看、镜中看是两种角度的视觉。往往有时直接看，纹路清楚，镜中看不直；镜中看肤色鲜明，直接看纹路不清。只有将两种角度的视觉混为一体，才能说是达到了技术标准。一条分得好的头缝，无论哪种视觉效果都是一样的。

分好头缝，才能吹好头缝，二者既有联系又有区别。吹头缝的技巧就是熟练运用工具，只有掌握了工具运用的技巧，才能把头缝吹好。

吹大边要掌握以下三点：

（1）梳背靠近大边发根，留有约半厘米的空隙，以便让热风吹进去。

（2）用2/3的热风对准空隙吹足，吹热发根，速度略快，以免吹痛头皮。

（3）发根受热后，轻轻压梳背，不能过重，迅速上提，把发干拉成半圆形，一次不行，重复一至两次。

吹小边要掌握以下两点：

（1）用木梳头几齿（2～3根）以25度至30度角，将小边头发向后吹带，速度可略慢，一次不行可重复一至两次。

（2）用手掌或手指压小边下部发角。

2．额前（造型部分）

常见的有额前不饱满，或吹低、吹尖了，与脸型、头型不相称。还有不应有刘海而有刘海，和有刘海而不自然的情况。

额前的轮廓决定整个发型的轮廓，发型的轮廓要与脸型相称，所以说脸型的轮廓决定发型的轮廓。人们的脸型有五眼三庭规律，三庭是指人们脸部的长短，人脸的长短就决定了额前顶部的高低。一般说，额前顶部的高低以三庭中一庭左右为适宜，这样额前吹得高低就有一个大概的尺寸，只有掌握这个尺寸，才不会使额前吹低。

额前的轮廓决定发型的轮廓，然而发型的轮廓又要适合人们头型的轮廓，人们的头型轮廓是一个自然形成的椭圆形，这就要求额前轮廓齐圆饱满，齐圆饱满是从多种角度去看的。椭圆、齐圆都是弧形，所以说额前轮廓要有两条弧线，一是左至右，一是上至下。只有掌握这两条弧形线，才不会使额前吹尖。

掌握高低的分寸和两条弧形线，第一种情况的额前难点便迎刃而解，才能使额前造型与脸型、头型相称。

额前是发型的一部分,也是面容的一部分。额前是根据造型艺术来进行修饰的,修饰有两种。一是有刘海,但有多少、厚薄之分;二是没有刘海,或斜梳或向后梳,对额前的修饰是衬托发型,美化人们的面容。额前首先与人们面部的额骨相连,人们的额骨是不同的,为了美化面容,额前头发的修饰就受到额骨的制约,这样额骨的宽窄、高低就决定了刘海的有无和多少。一般来说,额骨狭低的,不应有刘海,使人看上去比较开朗;年轻的可斜梳,年纪大的可向后梳。如有刘海,将把半边面孔给挡住,使人看上去有透不过气的感觉,刘海越多,这样感觉越强烈。额骨宽高的,要留刘海,使人看上去活泼大方;相反,如没有刘海,使人看上去脸部显得过长。额骨越宽大,刘海就应越多,二者成正比例。只有掌握额骨的宽狭高低,才能修饰好额前,起到美化面容的作用。

第六单元 盘　　发

在本单元，我们将重点介绍盘发常用工具和盘发基本技巧，使学员熟练掌握盘发基本技能。

模块一　盘发工具及基本盘发手法

一、认识盘发工具

常见盘发工具（见图 6—1）

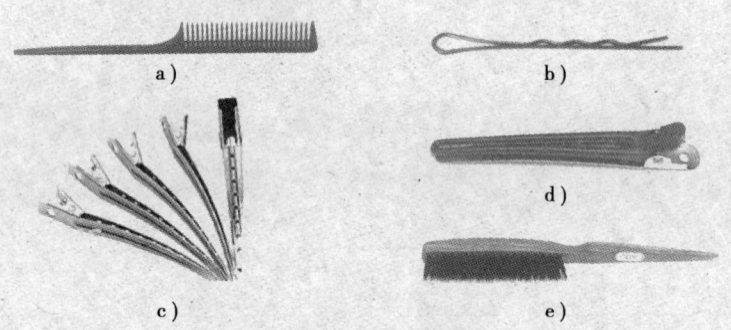

图 6—1　常见盘发工具
a）尖尾梳　b）发夹　c）鸭嘴夹　d）波纹夹　e）包发梳

1. 尖尾梳：用来梳理分区及制作卷筒。
2. 发夹：用来固定头发、造型。
3. 鸭嘴夹：用来固定分区或暂时固定形状。
4. 波纹夹：在操作中用来暂时固定形状。

5. 包发梳：用来将倒梳后的头发表面梳理光滑，梳出纹理。

二、基本盘发手法

1. 倒梳

倒梳将发丝与发丝连接在一起，有增加发量和使发片形成一个整体的作用。

方法：取一束发片，梳理通顺，控制在左手中；右手持梳，梳齿与发片成90度梳入发片，在离发根10厘米处向发根推，推的同时，左手控制发片，力度要均匀，这样才能使发片中较短的头发向前移动，最后推在发根，形成倒梳，如图6—2所示。

2. 梳理

梳理是将倒梳后的发片表面梳理光滑，不影响发片内层的倒梳。

方法：左手控制倒梳后的发片，右手持梳，梳齿与发片的角度要低于30度，从发根梳向发尾，力度要均匀，如图6—3所示。

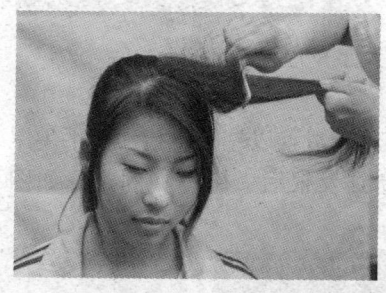
图6—2 倒梳

图6—3 梳理

3. 单手开夹

方法：右手中指和拇指捏住发夹的尾部，发夹中短的一头朝内，食指按发夹的开叉口，慢慢将发夹分开，中指和拇指捏紧夹尾，食指插入夹内，下按至发夹的尾部。发夹尽量打开，使其更具灵活性，如图6—4所示。

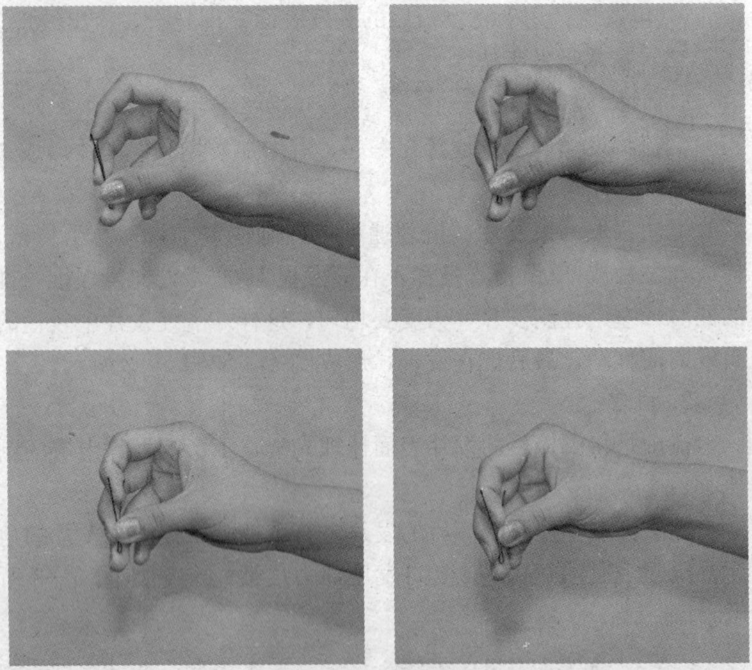

图 6—4　单手开夹

4. 直卷筒的制作

方法：将倒梳的发片表面梳理光滑，以左手食指和右手尖尾梳的梳尖为轴，向前做卷筒，卷到发根后，用发夹固定，如图 6—5 所示。

图 6—5　直卷筒

5. 层次形卷筒

特点：层次分明，能帮助较短的头发操作造型，如图 6—6 所示。

方法：采用直卷筒的方法操作，向前卷，当卷到预定位置时，右手控制住卷筒，向前向下折回发根。

注意：卷筒离发根越远，层次越分明。

6. 手摆波纹

特点：给人以立体的视觉效果，多用于中长发，如图 6—7 所示。

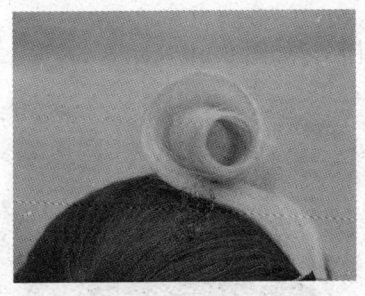
图 6—6　层次形卷筒

图 6—7　手摆波纹

方法：先将一束发片向斜后方向提拉倒梳，梳理表面。将发片以提拉相反方向操作，向回折夹上发夹，将剩余发尾向另一侧斜后方提拉倒梳、梳理。再向相反方向操作向回折，夹在第一个造型上，用发夹固定在第一个造型上，发尾收藏到看不见的地方。

7. 手推波纹

特点：弯曲的线条，形成了相对的半圆，如图 6—8 所示。

方法：将头发梳理通顺，然后用左手的食指和中指夹住发片，再用梳子梳入头发，以手指平行向左或向右推成弯曲。用波纹夹夹住暂时固定，将下一段的发片向相反方向推，并形成半圆形轮廓，下一段用同样技巧反方向操作，直至做完为止，然后去掉波纹夹，喷胶定型。

图 6—8 手推波纹

8. 玫瑰卷

特点：层次由小到大，形成花形，如图 6—9 所示。

 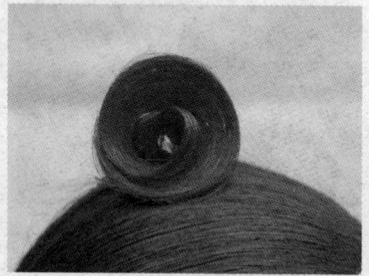

图 6—9 玫瑰卷

方法：取一束发片，倒梳并将表面梳理光滑。将中指指根贴住发根，中指指向操作的方向，将发片绕在手指上作为花心，用波纹夹暂时固定。剩余头发再围绕在花心上，形成花形，用波纹夹固定。喷胶定型后，取下波纹夹。

模块二　脸型分析及后部造型

一、脸型分析

常见的不同脸型如图 6—10 所示。

图 6—10 不同脸型
a) 椭圆脸 b) 长脸 c) 圆脸 d) 方脸
e) 三角脸 f) 倒三角脸 g) 菱形脸

1. 椭圆脸

椭圆脸又称鸭蛋脸,是一种标准的脸型。这种脸型适合长、短发型,能作出各种漂亮的发型。

2. 长脸

长脸的特点是前额发际线长得较高,或下巴又尖又长,或脸庞比较清瘦,显得脸比较长。这种脸型适合自然而蓬松、可爱又活泼的发型,发型梳理得不适宜较高,刘海要三七分界或边分界,前额留出自然轻松的碎刘海,以减少脸的长度感,加强宽度感。

3. 圆脸

圆脸的特点是颊部比较肥胖丰满,圆圆的脸蛋给人以温柔可爱的感觉。这种脸型的发型可以做得成熟些。可将四周头发集中在头顶造型,额头两边要留一小束发条遮盖圆脸型,尽量不留刘海。

4. 方脸

方脸的特点是两腮突出,前额线有棱角,发型适宜梳高一些。刘海要中分界或四六分界,把刘海或前额两侧略长的头发自然垂放,遮住突出的两腮。

5. 三角脸

三角脸的特点是上额、腮部和下腭部较宽。刘海可自然垂放在前额,头顶与前额两侧略为自然蓬松,使脸型看起来接近椭圆型。

6. 倒三角脸

倒三角脸的特点是上宽下窄,与三角脸刚好相反。顶部头发可蓬松些,两侧头发从头顶、鬓角分出至下巴,做成卷发,以增加下腭宽度。

7. 菱形脸

菱形脸的特点是颧骨高、下腭尖。头顶不适宜过高,可蓬松自然造型,梳出自然轻松的碎刘海,着重打理额前和下腭的头发,以弥补脸型的不足。

二、后部造型

1. 叠压包

步骤:

(1) 分出后发区:从后发际线 1/2 处向上延长线,也就是头部的中线,与前后分区线交点向左(右)偏移 1~2 厘米,连接这点与后发际线 1/2 处的点,将后部分为 1、2 两个发区(先做大的一区)(见图 6—11)。

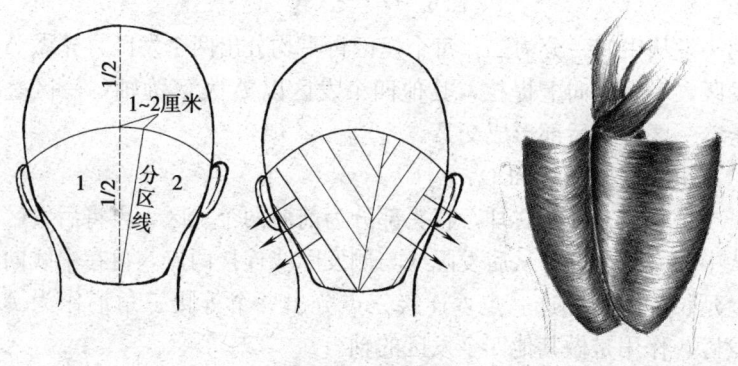

图 6—11　叠压包

(2) 采用与侧发际线平行的方法分份进行低角度倒梳,完成后向相反方向提拉梳理,并以尖尾梳为轴,将 1 发区的头发拧在分区线上,用发夹固定在 1 发区内。

(3) 将 2 发区的头发用与侧发际线平行分份的方法,低角度倒梳,再以倒梳相反的方向梳理,并以尖尾梳为轴,以分区线相对的倾斜角度将 2 发区的头发拧出轴,用发夹固定在 1 发区上。

2. 交叉包

特点:交叉的纹理,使后部的造型更有立体感(见图 6—12)。

方法:在后发际线部位分出一个三角区来,再将后发区剩余

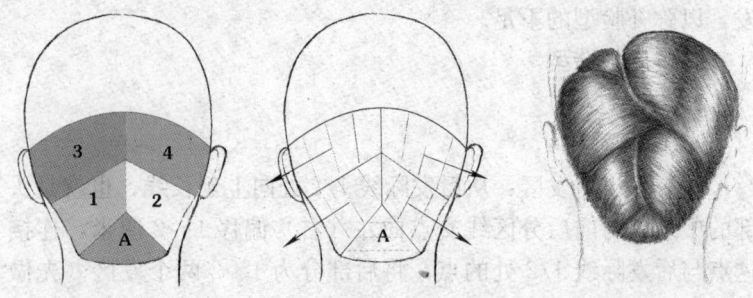

图 6—12 交叉包

的头发从中间一分为二,每个发区再平均分出两个发区,先做 A 发区,A 发区向上提拉,其他四个发区以 A 发区为轴,一区叠压着一区,在后部形成交叉。

步骤(见图 6—13):

(1)从左耳至右耳,将头部分为前后两个发区,再将后发区从中间一分为二,从后发际线与侧发际线连接两点,再在中线向上延长 5 厘米处选一点,连接三点分出一个等腰三角形作为 A 发区,作用是做其他四个发区的轴。

(2)分出 A 发区后再将左右两个发区平均分成四份,分区线要与侧发际线垂直。

(3)将各区进行倒梳,A 发区水平分份,低角度倒梳,其他四发区与侧发际线平行分份,低角度倒梳。

(4)先做 A 发区,A 发区拧后向上提拉,作为发型的轴。1 发区以 A 发区为轴折回夹上发夹;2 发区以 A 发区和 1 发区的分尾为轴折回,3、4 发区同上,直至做完为止。

3. 扎马尾

方法:

(1)将头发控制在左手中,右手持密齿梳,按所需扎马尾的位置,梳顺头发。

(2)将两根皮筋连接在一起,用发夹夹住一头,左手按紧

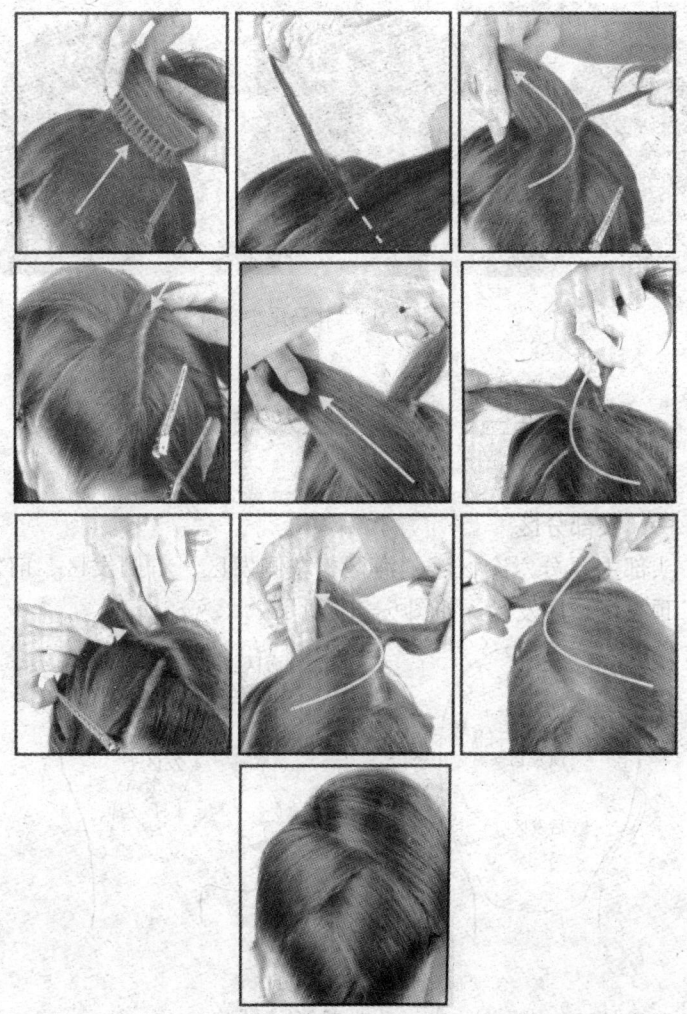

图6—13 制作交叉包步骤

头发根部,把皮筋扣在拇指上,顺时针方向绕紧马尾,绕到适当位置后,将发夹穿过扣在拇指的皮筋固定在马尾根部(见图6—14)。

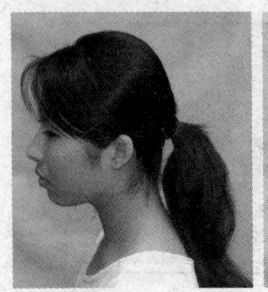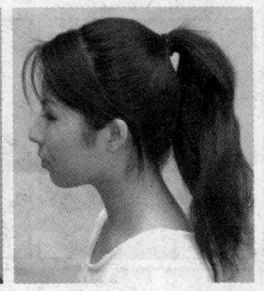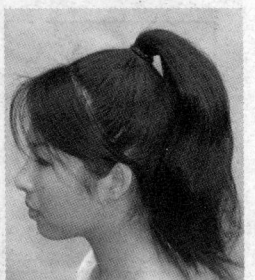

图 6—14 扎马尾

模块三 头部分区及设计要求

一、头部分区

头部主要分六个区：刘海区、左侧发区、右侧发区、前发区、顶发区、后发区，如图 6—15 所示。

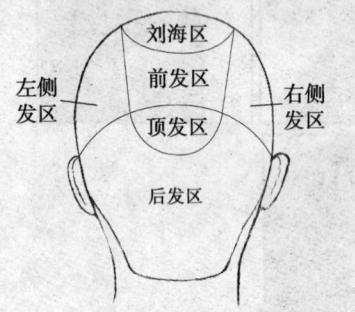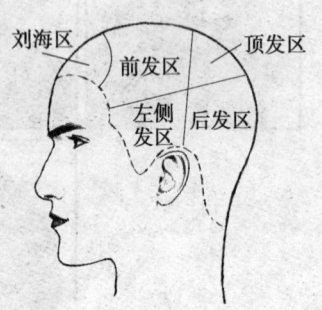

图 6—15 头部分区

1. 刘海区：美化前额，弥补脸长的缺陷。

2. 侧发区：分左侧发区和右侧发区，修饰顾客脸型的不足，调整发型轮廓。

3. 后发区：修饰后部，提供造型所需发量。

4. 顶发区：发型设计的最高点。

5. 前发区：连接刘海区与顶发区，体现发型纹理。
二、设计要求
轮廓：发型设计的外围线。
黄金点：整个发型的最高点，如图6—16所示。

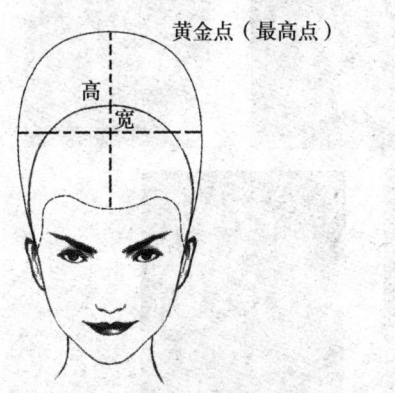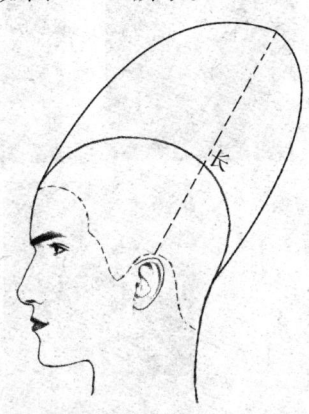

图6—16 发型的黄金点

发型设计要求：
1. 整体协调，不管以哪一个角度观察，要求饱满、美观。
2. 发型的轮廓要适合脸型的轮廓。
三、休闲发型——拧绳
1. 1～5分区采用拧绳的方法（见图6—17）从发尾向头顶做发条。

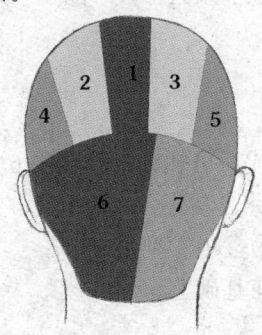

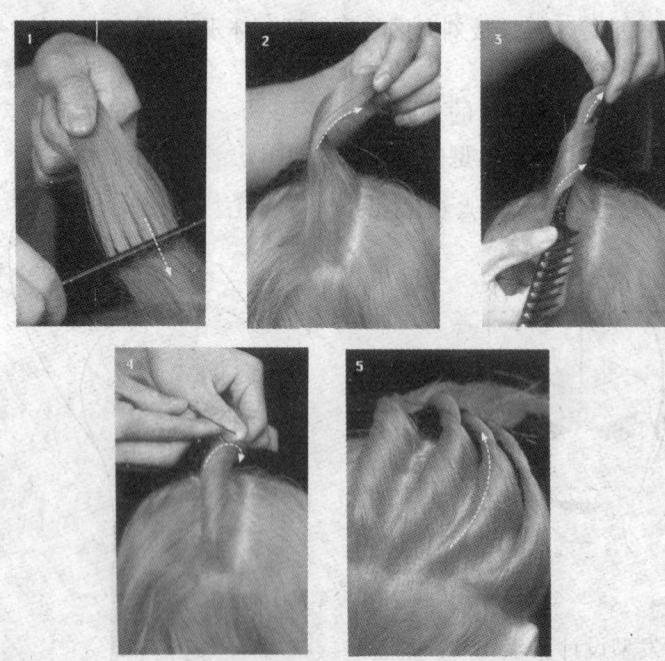

图 6—17 拧绳方法

2. 6、7 发区后部造型叠压包，发尾支持头顶打花做发条。

3. 采用自然刘海，造型完成后可加饰物。

四、生活发型——品字型

1. 1～3 分区采用半卷的组合，在前发区形成"品"字效果。
2. 4、5 发区用侧包方法完成。
3. 6、7 发区用叠压包方法完成。
4. 8 发区做贴面刘海。
5. 发尾造型可打花或包发，完成后可加饰物（见图 6—18）。

五、新娘发型

1. 8 发区扎马尾，以彩虹包作为整个发型基础。
2. 1 发区采用手摆波纹方法压在基础上。
3. 2 发区做卷筒。

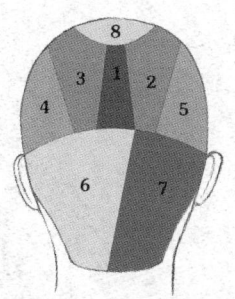

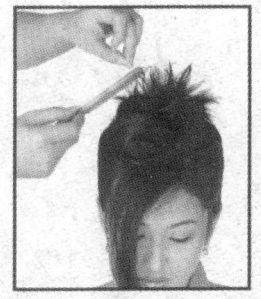

图6—18 品字发型

4. 3、4发区与前发区连接。
5. 5、6发区做交叉包，发尾支持顶部。
6. 7发区做贴面刘海（见图6—19）。

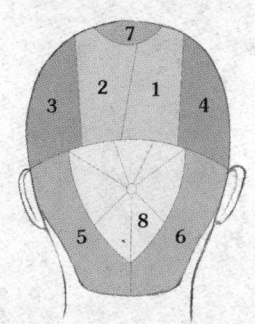

图6—19 新娘发型